KB178978

로슈가 들려주는 조석 이야기

로슈가 들려주는 조석 이야기

ⓒ 김충섭, 2010

초   판   1쇄 발행일 | 2005년 11월 17일
개정판   1쇄 발행일 | 2010년 9월 1일
개정판 10쇄 발행일 | 2021년 5월 31일

지은이 | 김충섭
펴낸이 | 정은영
펴낸곳 | (주)자음과모음

출판등록 | 2001년 11월 28일 제2001-000259호
주   소 | 04047 서울시 마포구 양화로6길 49
전   화 | 편집부 (02)324-2347, 경영지원부 (02)325-6047
팩   스 | 편집부 (02)324-2348, 경영지원부 (02)2648-1311
e-mail | jamoteen@jamobook.com

ISBN 978-89-544-2066-2 (44400)

로슈가 들려주는

조석 이야기

| 김충섭 지음 |

|주|자음과모음

로슈를 꿈꾸는 청소년을 위한
'조석' 이야기

옛날부터 바닷물은 마법에 걸린 듯 하루에 두 차례씩 해안으로 밀려왔다 다시 먼 바다로 밀려 나가는 일을 쉬지 않고 되풀이해 왔습니다. 우리는 이러한 현상을 조석이라 부릅니다.

"도대체 무엇이 바닷물을 저렇게 움직이는 걸까?"

사람들은 그 의문을 풀어 줄 사람을 기다렸습니다.

마침내 조석에 얽힌 비밀을 풀어 줄 사람이 나타났는데, 그는 다름 아닌 만유인력의 법칙을 발견한 뉴턴이었습니다. 이후 로슈는 천체에 작용하는 조석력에 대해 연구했습니다.

이 책은 로슈가 조석에 관한 여러 가지 일반적 현상을 설명하기 시작해서, 조석에 관한 비밀이 밝혀지기까지 과정을 질문과 대답을 통해 추적하고 있습니다.

　조석을 일으키는 힘, 즉 조석력의 근원을 파헤치다 보면 우리는 그 속에 숨어 있는 전혀 예상치 못했던 놀라운 사실들을 만나게 됩니다. 조석은 참으로 신비한 자연 현상이라 하지 않을 수 없습니다.

　오늘날 우리는 조석에 대해 꽤 많은 사실을 알게 됐습니다. 과거에 일어났던 조석을 조사하고, 장차 일어날 조석을 예보해 어업이나 방제 등에 활용하고 있으며, 조석 에너지를 이용한 발전도 하고 있습니다.

　아마 조석이 없었더라면 우리의 하루는 24시간보다 훨씬 더 짧고 1년의 날수는 365일보다 훨씬 더 많았을 것입니다. 그랬더라면 우리의 삶은 지금과 판이하게 달랐겠지요?

　하지만 이러한 생각은 무의미합니다. 조석이 없었더라면 지구의 바다는 지금과 같은 생명의 바다가 되지 못하고, 그랬다면 우리는 이 세상에 존재할 수도 없었을 테니까요.

김 충 섭

차례

마법에 걸린 바다?

바닷물은 들락날락, 오르락내리락, 마법처럼 갈라지기도 합니다.
썰물과 밀물, 간조와 만조, 바다 갈라짐 현상에 대해 알아봅시다.

1

첫 번째 수업

마법에 걸린 바다?

로슈가 자기 소개를 하며
첫 번째 수업을 시작했다.

안녕하세요?

나는 로슈(Édouard Albert Roche, 1820~1883)입니다. 프랑스의 천문학자이고, 1820년에 태어나 19세기 중반에 주로 활동했지요. 나는 조석, 특히 천체에 작용하는 조석력에 대한 연구로 유명해졌습니다.

이번 조석에 관한 수업은 특별히 여러분의 질문을 위주로 진행할까 합니다. 조석이 무엇인지부터 시작해야겠지요? 궁금한 것이 많을 테니 그만큼 다양하고 풍성한 질문을 기대해 볼게요. 그럼 시작해 볼까요?

조석이란 무엇인가요?

바닷가에 사는 사람들은 시간이 지남에 따라 해수면이 올라오고 내려가는 광경을 쉽게 목격할 수 있습니다. 이와 같이 해수면이 일정한 수준에 머물러 있지 않고 끊임없이 높아졌다 낮아졌다 하는 일을 규칙적으로 되풀이하는 현상을 조석(潮汐)이라고 합니다.

조석은 전 세계의 거의 모든 바다에서 볼 수 있는 현상입니다. 물론 한반도의 모든 해안에서도 볼 수 있는데, 특히 서해안에 잘 드러납니다. 해안에서 보면 해수면이 변동함에 따라 해안의 바닥이 주기적으로 드러났다 잠기는 것을 볼 수 있습니다.

만조와 간조란 무엇인가요?

만조(滿潮)는 조석으로 바닷물의 수위가 가장 높아졌을 때를 말하고, 간조(干潮)는 반대로 조석으로 바닷물의 수위가 가장 낮아졌을 때를 말합니다.

만조는 바닷물의 수위가 가장 높은 때이므로 고조(高潮)라고도 하며, 간조는 바닷물의 수위가 가장 낮은 때이기 때문에 저조(低潮)라고도 합니다.

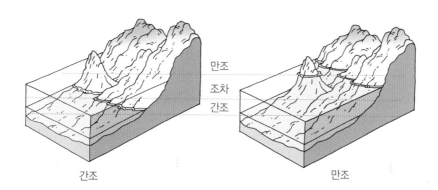

만조 : 해수면의 높이가 가장 높아졌을 때

간조 : 해수면의 높이가 가장 낮아졌을 때

조차 : 만조 때와 간조 때의 해수면의 높이차

밀물과 썰물은 무엇인가요?

조석은 바다를 가득 채우고 있는 엄청난 양의 바닷물이 주기적으로 움직이는 거대한 물의 흐름이라 할 수 있습니다.

밀물은 말 그대로 밀려 들어오는 물을 말하고, 썰물은 쓸려 나가는 물을 말합니다. 밀물은 간조와 만조 사이에 해수면이 올라갈 때 나타나고, 반대로 썰물은 만조와 간조 사이에 해수면이 내려갈 때 나타나지요.

밀물   썰물

밀물 : 해수면이 높아질 때 해안으로 바닷물이 흘러 들어오는 흐름

썰물 : 해수면이 낮아질 때 바다로 바닷물이 빠져나가는 흐름

이러한 만조와 간조는 보통 하루에 2차례씩 일어납니다.

만조에서 다음 만조까지 또는 간조에서 다음 간조까지 걸리는 평균 시간은 약 12시간 25분입니다. 하루 두 차례의 조석이 일어나므로 다음 날 일어나는 조석은 다음과 같습니다.

12시간 25분 + 12시간 25분 = 24시간 50분

즉, 전날 조석이 일어난 시각보다 평균적으로 50분 늦게 일어납니다.

예를 들어, 오늘 오전 8시에 밀물이 시작되었다면 다음 밀물은 저녁 8시 25분경에 시작되고, 다음 날의 밀물은 오전 8시 50분경에 시작되지요.

조차란 무엇인가요?

해수면의 수위가 가장 높은 만조 때와 가장 낮은 간조 때의 수위의 차이를 조차라고 합니다. 이를 다른 말로 간만의 차라고도 합니다.

조차의 크기는 장소에 따라 다릅니다. 왜냐하면 조차는 해안선이나 바다 밑의 지형에 따라 다르기 때문입니다. 일반적으로 조석에 의한 해수면의 변화는 보통 1m 내외입니다. 하지만 좁은 해협이나 만에서는 바닷물이 조금만 불어나도 수위가 크게 변하기 때문에 이런 곳에서는 조차가 매우 크게 나타납니다.

세계에서 조차가 크기로 이름난 곳은 영국 서해안, 프랑스 북서 해안, 칠레 남서단 마젤란 해협 등인데 한반도 서해안도 이에 못지않습니다. 서해안에서 조차가 가장 큰 곳은 인천만이며, 조차 크기는 9m나 됩니다.

세계에서 조차가 가장 큰 곳은 캐나다의 펀디 만입니다. 펀디 만의 조차는 15m나 됩니다. 15m면 4층 빌딩 정도의 높인데, 밀물일 때 4층 빌딩 높이만큼 해수면이 높아졌다가 썰물일 때 언제 그랬냐는 듯 쑥 빠져나가는 것이지요. 상상이 되나요?

펀디 만의 조차가 유난히 큰 까닭은 지형적 특성 때문입니다. 펀디 만은 대서양에 접해 있는데, 만 안쪽으로 갈수록 양쪽 해안이 급경사를 이루어 수심이 얕아집니다. 이런 지형적 특성 때문에 대서양에서 조수가 밀려오면 만 안쪽에서는 조수의 수위가 크게 증폭하는 것입니다.

한반도는 해안에 따라 조차가 상당히 다른데 가장 큰 곳은 서해안입니다. 서해안의 조차는 대체로 5m 이상입니다. 서해안은 해안선의 굴곡이 심하고 만이 긴 지형적 특성 때문에 조차가 매우 크게 나타납니다.

조차는 수면의 높이 차이를 말하므로 5m는 매우 큰 것입니다. 이 때문에 서해안은 간조 때가 되면 바닷물이 수백 m에서 수 km씩 바깥으로 물러나 엄청나게 넓은 개펄이 드러납니다.

반면에 동해안은 조차가 0.3m 내외로 상당히 작습니다. 또, 해안 경사가 급하기 때문에 간조 때가 되어도 개펄이 거의 드러나지 않습니다.

남해안의 조차는 2m 내외인데 서해안에 비하면 작지만 동해안에 비하면 큰 편으로, 간조 때가 되면 비교적 넓은 개펄이 드러납니다.

개펄이 뭔가요?

개펄이란 조수(밀물과 썰물을 통틀어 이르는 말)가 드나드는

바닷가나 강가의 넓고 평평하게 생긴 땅을 말합니다. 개펄은 바닷물에 의해 운반된 모래나 점토가 오랫동안 쌓여 생기는 데, 만조 때에는 물속에 잠기고 간조 때에는 물이 빠지면서 밖으로 드러납니다.

서해안 개펄은 매우 넓어서 한반도 전체 개펄 가운데 80% 이상을 차지할 뿐 아니라 캐나다 동부 해안, 미국 동부 해안, 북해 연안, 아마존 강 유역과 더불어 세계 5대 개펄로 꼽힐 정도입니다.

한국에서는 한때 개펄을 쓸모없는 땅으로 여겨 '서해안 개발'이라는 이름으로 간척·매립 사업을 하기도 했지만, 최근

에는 하천과 해수의 정화, 홍수 조절, 생태적 가치 등이 밝혀
지면서 보전 운동이 일어나고 있습니다.

조차는 반드시 하루에 두 번 일어나나요?

꼭 그렇지는 않습니다. 지역에 따라 하루에 한 번밖에 일어
나지 않는 곳도 있습니다. 예를 들어, 멕시코 만이나 마닐라
만에서는 대부분 하루에 한 번 조차가 일어납니다.

또, 어떤 지역에서는 하루 2차례 일어나는 만조와 간조 때
의 조차가 매우 크게 다른 경우도 있습니다.

그리고 조차가 대체로 같은 곳일지라도 날마다 달라집니
다. 조차의 크기는 대략 한 달을 주기로 커졌다 작아졌다 합
니다. 즉, 조차는 달의 모양과 관계가 있습니다. 조차는 월
령(月齡)에 따라 변하는데, 약 보름을 교대로 크기가 달라집
니다.

월령이란 달을 음력 초하루에서부터 다음 음력 초하루까지
를 하루 단위로 세어서 그 날수에 따라 달의 차고 이지러진
정도를 나타내는 말입니다.

예를 들어, 월령 0일은 신월 또는 삭이고, 월령 15일은 보

름에 해당합니다. 대개의 경우 월령의 정수 부분에 1을 더하면 음력의 역일이 됩니다.

조차가 가장 클 때를 사리라 하고, 가장 작을 때를 조금이라고 하죠. 사리 때는 조차가 크게 일어나기 때문에 대조라고도 하며, 조금일 때는 조차가 작게 일어나기 때문에 소조라고도 합니다.

사리(대조) : 조차가 가장 클 때

조금(소조) : 조차가 가장 작을 때

일반적으로 음력 초하루(이때의 달을 '신월' 또는 '삭'이라고 함)나 보름 전후에 사리가 나타나고 반달일 때는 조금이 됩니다. 하지만 하루 2차례의 조차가 크게 다른 곳에서는 반달일 때 사리가 되는 경우도 있습니다.

조류란 무엇인가요?

조석으로 해면의 높이가 주기적으로 변하면 이에 수반되어 해안과 먼 바다 사이를 주기적으로 왕복하는 바닷물의 흐름이 생겨납니다. 이와 같이 조석과 수반되어 일어나는 바닷물의 주기적인 흐름을 조류라고 합니다.

조류는 조석과 같은 주기로 수평 왕복 운동을 하거나 타원 운동을 하게 됩니다. 조류는 바닷물의 다른 흐름, 예를 들어 쿠릴 해류라든지 멕시코 만류 등과 같은 해류와 근본적으로 다릅니다. 조류는 조석에 수반되어 일어나므로 조석과 마찬가지로 월령에 따라 변화한다는 점에서 해류와 다릅니다.

따라서 조류도 조석과 마찬가지로 장소에 따라 상당히 다릅니다. 조류도 물의 흐름이므로 일반적으로 수로가 좁아지는 해협에서는 강해지게 되지요. 임진왜란 때 이순신 장군의 명량대첩 전적지였던 울돌목도 그런 곳 중의 하나입니다.

장소에 따라 조류가 흐르는 양상도 다릅니다. 어떤 곳에서는 간조나 만조 때를 경계로 흐름이 바뀌지만, 어떤 곳에서는 어느 정도 시간이 경과한 후에 바뀝니다.

또, 어떤 조류는 만조와 간조 때에 유속이 최대였다가 3시간이 지나고 난 후에 방향이 바뀝니다. 이런 조류는 한반도 남해의 서부를 제외한 모든 곳에서 볼 수 있습니다.

울돌목은 어떤 곳인가요?

울돌목은 진도와 해남 사이에 있는 좁은 해협인데 물살이 빠르기로 이름난 곳입니다. 바다가 운다고 해서 명량(鳴梁)이라고 부르는데, 울돌목의 빠른 물살이 암초에 부딪혀 나는 소리가 20리 밖까지 들렸다고 합니다.

하루 두 차례씩 일어나는 밀물과 썰물 때면 남해와 서해의 바닷물이 번갈아서 굴곡이 심한 암초 사이를 빠르게 소용돌이치며 섞입니다.

수로 폭이 썰물 때는 180m 정도이지만 밀물 때는 320m로 넓어집니다. 가장 깊은 곳의 수심이 20m이고, 유속이 11.5노트에 달합니다. 목포에서 제주도나 완도 쪽으로 가는 대형 선박들도 지름길인 이곳을 지나려면 썰물 때를 기다려 지날 정도로 물살이 거셉니다. 현재 울돌목 위로 진도 대교가 가설되어 있습니다.

조차가 크면 조류도 빠른가요?

꼭 그렇지는 않습니다. 조차가 큰데도 조류가 아주 약한 곳이 있는가 하면, 조차가 그다지 크지 않는데도 조류가 강한 곳이 있습니다.

하지만 대부분 조차가 크면 조류도 빠릅니다. 이를테면 사리 때는 조금일 때보다 조류가 빠릅니다.

조석과 조류는 바다 한가운데에서도 일어나나요?

그렇습니다. 바다 한가운데에서도 바닷물의 높이는 높아졌다 낮아졌다 하고 조류도 흐릅니다. 단지 그것을 쉽게 알아차리지 못할 뿐입니다.

조석이나 조류가 항만이나 좁은 해협 등지에서 두드러지게 나타나는 이유는 해안으로 갈수록 수심이 얕아져서 해안이나 해저 바닥이 크게 드러나기 때문입니다.

조간대란 무엇인가요?

간조가 되어 바닷물이 먼 바다로 빠져나가면 바다였던 곳은 그 밑바닥까지 훤히 드러납니다. 하지만 이렇게 바닥이 드러났던 곳도 바닷물이 들어오면 다시 바다 속에 잠기게 됩니다.

이처럼 만조 때는 물에 잠기고 간조 때는 수면 밖으로 모습을 드러내는 지대를 조간대(潮間帶)라고 합니다.

이에 반해 항상 수면 아래 잠겨 있는 지대를 조하대(潮下帶)라고 합니다.

조간대에는 어떤 생물들이 살고 있을까요?

조간대에는 여러 종류의 해조류와 작은 동물이 서식하고 있는데 삿갓조개, 따개비, 딱지조개, 굴 등이 있습니다.

간조 때 수면 밖으로 드러나는 지역은 항상 수면 아래 잠겨 있는 지역과 달리 수온, 염분도, 수광량(식물이 생육하는 데에

필요한 빛) 등의 환경 조건이 크게 변하므로 생명체가 살아가기에 거친 환경이라 할 수 있습니다. 이 때문에 조간대에 서식하는 생물은 어려운 환경 조건에 대해 저항력이 강하다는 특징이 있습니다.

바다가 갈라지는 현상은 조석과 관계가 있나요?

그렇습니다. 기다랗게 뻗어 있는 지형은 썰물로 바닷물이 빠져나가고 난 후, 마치 바다가 양편으로 갈라진 것처럼 보입니다.

이것은 마치 성경에서 예언자 모세가 홍해를 갈라놓은 때처럼 보여서 '모세의 기적'이라고도 불립니다.

이런 현상은 남해안이나 서해안처럼 해저 지형이 복잡하고 조차가 큰 지역에서 보이는데, 진도·무창포·사도·변산반도·제부도 등에서 나타납니다.

또한, 캐나다에는 거꾸로 흐르는 강이 있다고 합니다. 바로 캐나다의 뉴브런즈윅 주 멍크턴 시에 있는 페티코디액 강입니다. 페티코디액 강은 하루에 2번씩 거꾸로 흐르는 강으로 유명합니다. 밀물 때가 되면 높은 물결을 일으키며 하류에서

바다 갈라짐이 일어나는 지형

상류 쪽으로 거꾸로 흐릅니다.

페티코디액 강이 거꾸로 흐르는 이유는 강의 하류가 세계에서 간만의 차가 가장 큰 펀디 만에 이어져 있기 때문입니다.

밀물 때가 되면 펀디 만에서 엄청난 양의 바닷물이 밀려와 페티코디액 강의 흐름을 막고 거꾸로 치솟아 올라가기 때문에 일어나는 현상입니다.

조석은 인간 생활에 어떤 영향을 미치나요?

조석으로 바닷물의 수위가 오르내리고 바닷물이 들락날락

하면 인간 생활에는 불편한 점도 있고 좋은 점도 있습니다.

첫째, 조석은 연안에서의 어업과 관계가 있습니다.

어획량은 조석 시간과 조류에 따라 변동될 수 있습니다. 물고기의 먹이가 되는 플랑크톤이 조류를 따라 흐르므로 물고기는 조류를 따라 움직입니다. 이 때문에 조류의 흐름이 거의 정지하는 만조 때나 간조 때는 물고기를 별로 낚을 수 없는 경우가 많습니다.

게나 조개류 채취는 간조기가 좋습니다. 게나 조개류 채취는 물이 빠진 조간대에서 하기 쉽기 때문입니다.

둘째, 조류는 배의 운행에 영향을 미칩니다.

동력 기관이 발달하지 않았던 옛날에는 조류를 타면 작은

동력으로도 배가 빠르게 나갈 수 있어서 경제적이므로 조류를 따라 항해하는 경우가 많았습니다.

오늘날에도 비교적 속도가 느린 소형 화물선의 경우에는 조류가 강한 곳에서 조류를 거슬러서 운행하는 것을 되도록 피하고 있습니다.

셋째, 조석은 배가 항구로 드나드는 데 영향을 미칩니다.

배가 승객이나 짐을 싣기 위해 항구를 들어오고 나갈 때 조석에 따라 수심이 달라지므로 영향을 받게 됩니다. 조선소에서 대형 선박을 처음으로 물에 띄우는 경우에도 깊은 수심을 필요로 하므로 수심이 깊은 만조 때를 택해서 하기도 합니다.

항구

수영하러 가자.

내가 먼저야!

물이 모두 빠져 버렸잖아.

이런, 썰물 시간이군요.

썰물이요?

밀물이란 말 그대로 밀려 들어오는 물을 말하는 것이고, 썰물은 밀려 나가는 물을 말합니다.

그리고 이렇게 해수면이 높아졌다 낮아졌다 하는 일을 규칙적으로 되풀이하는 현상을 조석(潮汐)이라고 하지요?

잘 알고 있네요. 이러한 조석으로 물이 가장 높아지는 때를 만조, 가장 낮아지는 때를 간조라고 하며, 그때 생기는 해수면의 높이차를 조차라고 하지요.

그리고 이렇게 조차에 의해서 바닷가나 강가의 넓고 평평하게 생긴 땅을 개펄이라고 하지요.

아, 여기 게가 있어요.

썰물이라서 수영은 못해도 개펄에서 노는 것도 재미있겠네요.

2

조석은 왜 생기는가?

달이 차고 기울 때마다 조차도 따라서 커졌다 작아졌다 합니다.
지구의 조석이 달과 어떤 관계에 있는지 알아봅시다.

조석은 왜 생기는가?

로슈가
지구, 달, 태양을 모형화한 삼구의를
들고 두 번째 수업을 시작했다.

아주 오랜 옛날부터 사람들은 하루 두 차례씩 바닷물이 해
안으로 밀려 들어왔다가 다시 먼 바다로 밀려 나가는 것을 지
켜보면서 살아왔습니다.

그것은 참으로 신기한 마법과도 같은 것이었습니다.

'왜 바닷물은 매일 어김없이 규칙적으로 움직일까?'

'어떤 강력한 힘이 저렇게 엄청나게 많은 바닷물을 밀고 당
기는 걸까?'

사람들은 그 비밀을 무척이나 궁금해했지만 설명해 줄 수
있는 사람은 아무도 없었습니다. 수천 년 아니 수만 년이 흘

러가는 동안 왜 이런 현상이 일어나는지 설명할 수 있는 사람을 기다리고 있었습니다.

'마법의 열쇠는 달이 쥐고 있는 게 아닐까?'

사람들은 아무래도 조석은 달과 관계가 있다는 생각을 하게 되는데, 그 이유는 다음과 같습니다.

첫째, 조석은 계절과 관계없이 보름을 주기로 하여 교대로 크게 일어나기 때문입니다.

달이 보름이나 초하루 무렵이면 조석이 크게 일어나는 것을 볼 수 있습니다. 조석은 보름 무렵에 사리가 되고, 반달일

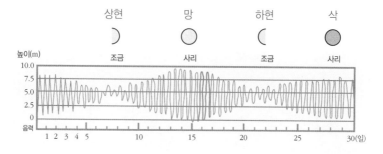

달의 모양에 따른 해수면의 변화

때 조금이 되는 것이었습니다. 이것은 조석이 계절과 관계없이 달이 변하는 모양과 관계가 있다는 것입니다.

둘째, 조석은 태음일의 절반(12시간 50분) 주기로 되풀이되기 때문입니다.

하루가 24시간인 것은 알고 있죠? 우리가 말하는 하루는 태양이 뜨고 지는 것을 기준으로 정해진 하루입니다. 이것을 태양일이라고 하죠.

반면에 태음일은 달이 뜨고 지는 것을 기준으로 정해진 하루입니다.

1태양일은 태양이 지구상의 어떤 한 지점을 통과한 후에 다시 그 지점까지 되돌아오는 데 걸리는 시간으로 정해집니다.

1태양일＝24시간

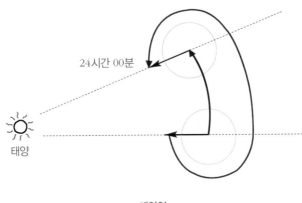

24시간 00분

태양

태양일

1태음일은 달이 지구상의 어떤 한 지점을 통과한 후에 다시 그 지점까지 되돌아오는 데 걸리는 시간으로 정해집니다.

1태음일 = 24시간 50분

태음일은 태양일보다 약 50분이 더 긴데 그 이유는 그동안 달이 지구 주위를 공전해서 움직이기 때문입니다. 조석 주기는 12시간 25분인데, 이것은 1태음일의 절반에 해당합니다.

마침내 조석의 비밀이 밝혀지다

　조석이 왜 일어나는지 그 이유를 과학적으로 밝혀낸 사람
은 뉴턴입니다. 뉴턴은 만유인력을 발견하여 물체가 땅으로
떨어지는 것을 설명해서 유명해진 과학자죠.

　뉴턴은 조석을 일으키는 힘의 정체는 조석력이라고 했습니
다. 조석력은 달이나 태양의 만유인력이 지구의 각 부분에
미치는 크기가 다르기 때문에 생긴다고 했습니다.

　이렇게 해서 오랫동안 베일에 가려 있던 달과 조석의 관계
가 분명하게 밝혀지게 되었습니다.

　조석이 크게 일어날 때마다 달이 크게 보이던 것이 왠지 수
상쩍다고 생각했는데, 바로 그 달이 바닷물을 움직이는 보이
지 않는 힘의 정체였던 것입니다.

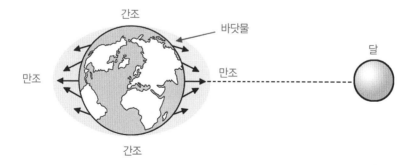

그러면 만유인력에 대해 알아봅시다.

"왜 물체는 땅으로 떨어지는가?"

뉴턴은 사람들이 오래전부터 가지고 있던 의문을 밝혀내기를 원했습니다.

뉴턴 이전의 사람들은 물체가 땅으로 떨어지는 것은 물체가 갖는 무거운 성질 때문이라고 생각했습니다. 질량을 갖는 물체는 무거운 성질을 갖고 있는데, 지구는 우주의 중심이므로 땅으로 떨어진다는 식으로 설명했습니다.

하지만 뉴턴은 물체가 땅으로 떨어지는 것은 물체가 갖는 무거운 성질 때문이 아니라 지구와 물체 사이에 어떤 힘이 작용하기 때문일 것이라고 생각했습니다.

뉴턴은 그 힘을 만유인력이라고 설명했습니다. 지구나 물체는 질량을 갖고 있는데 질량을 갖는 물체 사이에는 서로 잡아당기는 힘, 즉 만유인력이 작용한다는 것입니다.

뉴턴은 질량을 갖는 물체 사이에 작용하는 만유인력을 가정함으로써 물체가 땅으로 떨어지는 현상뿐 아니라 달이 지구를 돌고, 또 지구를 비롯한 행성들이 태양 주위를 도는 현상을 모두 설명할 수 있었습니다.

'만유인력의 법칙'이란 무엇인가요?

만유인력은 질량을 갖는 물체 사이에 작용하는데, 물체의 질량이 클수록 커지고 물체 사이의 거리가 멀어질수록 약해지는 특징이 있습니다.

조금 더 정확하게 말하면 만유인력의 크기는 물체의 질량에 비례하고 거리의 제곱에 반비례한다는 것입니다. 이것을 만유인력의 법칙이라고 합니다.

만유인력의 법칙을 식으로 표현하면 다음과 같습니다.

$$만유인력 = 만유인력\ 상수 \times \frac{물체\ 1의\ 질량 \times 물체\ 2의\ 질량}{(물체\ 간\ 거리)^2}$$

만유인력은 질량을 갖는 물체 사이에 서로 잡아당기는 힘이라고 했는데, 그러면 '어떻게 달이 지구 주위를 돌 수 있을까?', '달이 지구로 끌려가서 서로 부딪쳐야 되는 것은 아닐까?' 하는 질문이 생길 거예요.

분명히 지구가 달에 미치는 만유인력은 달을 지구 쪽으로 잡아당깁니다. 그럼에도 달이 지구 쪽으로 끌려가지 않는 것은 달이 지구 주위를 돌고 있기 때문입니다.

돌고 있는 물체는 바깥쪽으로 잡아당기는 힘을 갖고 있는

데, 이 힘을 원심력이라 하지요. 이것은 정월 대보름날에 하는 쥐불놀이를 생각하면 됩니다.

줄 끝에 깡통을 매달고 수평으로 빙빙 돌리면 깡통 바깥쪽으로 잡아당기는 힘이 느껴집니다.

원심력과 만유인력이 균형을 이루게 되면 달은 지구 쪽으로 끌려가지 않고 지구 주위를 돌 수 있게 되는 것이지요.

그렇다면 만약 지구가 달에 미치는 만유인력이 없으면 어떻게 될까요? 그렇게 되면 달은 저 먼 우주 공간 속으로 달아나 버리겠죠.

달은 지구에 만유인력을 미치나요?

맞습니다. 달도 지구에 만유인력을 미칩니다. 따라서 달도 지구를 끌어당기고 있습니다. 달이 지구를 끌어당기는 힘은 지구가 달을 끌어당기는 힘과 크기가 똑같습니다. 서로 당기는 방향이 반대인 셈이죠.

물체 사이에 작용하는 만유인력은 항상 이와 같이 크기가 같고 잡아당기는 방향이 반대인 한 쌍의 힘으로 나타납니다.

사실은 만유인력뿐만이 아니라 이 세상에 존재하는 모든 힘은 홀로 존재하는 것이 아니라 항상 이렇게 크기가 같고 잡아당기는 방향이 반대인 한 쌍의 힘으로 나타납니다. 이것을 작용 반작용의 법칙이라고 합니다.

이렇듯 달도 지구에 만유인력을 미치면 지구가 달로 끌려가야 하지 않을까요?

하지만 지구도 똑같은 이유 때문에 달로 끌려가지 않습니다. 다시 말해 지구도 돌고 있기 때문에 달로 끌려가지 않는 것입니다.

__지구가 돌고 있다는 것은 태양 주위를 공전하는 것을 말하는 건가요? 아니면 자전축을 중심으로 자전하는 것을 말하는 건가요?

둘 다 아닙니다. 흔히 우리는 달이 지구를 공전하고 있다고 배우죠. 하지만 엄밀하게 말하면 달은 지구 주위를 공전하는 것이 아닙니다. 달과 지구의 공통의 무게 중심 주위를 돌고 있는 것입니다. 물론 지구도 이 공통의 무게 중심 주위를 돌고 있고요.

따라서 지구가 돌고 있다고 한 것은 바로 이 공통의 무게 중심 주위를 돌고 있다는 것입니다. 결국 달과 지구는 어느 한쪽이 다른 쪽을 돌고 있는 것이 아니라 서로가 돌아가고 있는 것이죠.

무게 중심이란 뭔가요?

무게 중심이란 물체의 무게가 마치 한곳에 모여 있는 것처럼 간주할 수 있는 특별한 점을 말합니다. 이 점은 물체를 대표하는 점, 좀 더 쉽게 말하면 물체를 한 점에서 떠받친다고 할 때 물체가 떨어지지 않고 가만히 있을 수 있는 점에 해당합니다.

예를 들어, 물체가 원반이라 한다면 무게 중심은 원의 중심이 됩니다. 만일 물체가 공 모양이라면 공의 한가운데가 무게 중심이 되지요. 따라서 지구의 무게 중심은 지구의 중심이고, 달의 무게 중심은 달의 중심이 됩니다.

또, 달과 지구 공통의 무게 중심은 달과 지구의 중심을 가는 막대(휘어지지 않는)로 꿰었다고 할 때, 달과 지구가 어느 한쪽으로 기울어지지 않도록 떠받칠 수 있는 한 점이 공통의 무게 중심이 됩니다.

__그러면 달과 지구 공통의 무게 중심은 실제로 어디에 있나요?

달과 지구 공통의 무게 중심은 달과 지구 질량비의 역비로 정해집니다. 지구의 질량은 달의 질량에 비해 81배나 크기 때문에 지구와 달의 무게 중심은 지구와 달 사이의 거리를

1:81로 나눈 지점에 있습니다.

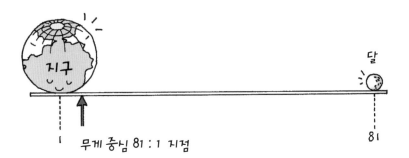

무게 중심 81 : 1 지점

지구와 달 사이의 거리가 38만 4,000km이므로, 지구 중심
으로부터의 무게 중심까지의 거리는 다음과 같이 계산할 수
있습니다.

$$384,000km \times \frac{1}{81+1} \fallingdotseq 4,683km$$

그런데 지구의 반지름이 6,400km이므로, 무게 중심은 지
구 내부에 있습니다. 지각 아래 1,720km 되는 지점입니다.

달과 지구는 상호 간에 작용하는 만유인력과 공통의 무게
중심을 축으로 회전하는 원심력에 의해 전체적으로 균형을
이루고 있는 셈이지요.

__그렇다면 지구를 잡아당기는 달의 만유인력이 지구에

조석을 일으키는 건가요?

그렇다고 할 수도 있고 그렇지 않다고도 할 수 있습니다. 왜냐하면 그것은 정확한 표현이 아니기 때문입니다.

조석 현상을 일으키는 힘을 조석력이라고 합니다. 조석력은 만유인력과 관계가 있지만 만유인력 그 자체는 아니며, 만유인력의 이차적인 효과라고 할 수 있습니다.

태양이 지구에 미치는 만유인력은 달이 지구에 미치는 만유인력보다 훨씬 더 큽니다. 만약 조석력이 만유인력이라면 태양에 의한 영향이 달에 의한 영향보다 훨씬 크게 나타나야 할 겁니다. 하지만 조석에 미치는 태양의 영향은 달의 절반에 불과한 것으로 봐서 조석력은 만유인력과 다르다는 것을 알 수 있습니다.

＿ 태양의 만유인력과 달의 만유인력 크기를 어떻게 비교할 수 있나요?

간단합니다. 앞에서 배운 뉴턴의 만유인력의 법칙을 사용하면 됩니다. 태양이 지구에 미치는 만유인력의 크기는 다음과 같이 구할 수 있습니다.

$$\text{태양의 만유인력} = \text{만유인력 상수} \times \frac{\text{태양의 질량} \times \text{지구의 질량}}{(\text{지구와 태양 간의 거리})^2}$$

마찬가지로 달이 지구에 미치는 만유인력도 똑같은 방법으로 구할 수 있습니다.

$$\text{달의 만유인력} = \text{만유인력 상수} \times \frac{\text{달의 질량} \times \text{지구의 질량}}{(\text{지구와 달 간의 거리})^2}$$

이제 위의 두 식의 비를 구하면 태양의 만유인력과 달의 만유인력의 비를 구하는 식을 얻을 수 있지요.

$$\frac{\text{태양의 만유인력}}{\text{달의 만유인력}} = \frac{\text{태양의 질량}}{\text{달의 질량}} \times \frac{(\text{지구와 달 간의 거리})^2}{(\text{지구와 태양 간의 거리})^2}$$

태양의 만유인력은 달의 만유인력보다 얼마나 더 클까요? 먼저 두 천체의 질량비를 계산해 볼까요?

$$\frac{\text{태양의 질량}}{\text{달의 질량}} = \frac{2.00 \times 10^{30} \text{kg}}{7.35 \times 10^{22} \text{kg}} = 2,700\text{만 배}$$

위의 계산으로부터 태양은 달보다 2,700만 배 정도 무겁다는 것을 알 수 있습니다.

다음에는 두 천체의 거리의 비를 계산해 봅시다.

$$\frac{\text{지구와 태양 간의 거리}}{\text{지구와 달 간의 거리}} = \frac{150,000,000\text{km}}{384,000\text{km}} \fallingdotseq 390\text{배}$$

위의 계산으로부터 태양은 달보다 390배나 멀리 있다는 것을 알 수 있습니다.

따라서 태양의 만유인력과 달의 만유인력의 비는

$$\frac{\text{태양의 만유인력}}{\text{달의 만유인력}} = 27,000,000 \times \frac{1}{390^2} \fallingdotseq 178\text{배}$$

즉, 태양이 지구에 미치는 만유인력은 달이 지구에 미치는 만유인력과 비교할 때 180배나 더 큽니다. 태양의 만유인력은 달의 만유인력보다 훨씬 크다는 것이지요.

바닷물은 매일 어김없이 규칙적으로 움직이는 것인가요?

그 문제는 오래전부터 많은 사람들이 궁금해 했답니다.

사람들은 이유는 알 수 없었지만, 조석은 아무래도 달과 관계가 있다는 생각을 하게 되었답니다.

왜 그렇게 생각했나요?

아무래도 저 달이 수상한데…

첫째는 조석이 계절과 관계없이 보름을 주기로 하여 교대로 크게 일어나고, 둘째는 조석이 태음일의 절반 주기로 되풀이되기 때문입니다.

태음일은 무엇인가요?

하루는 태양이 뜨고 지는 것을 기준으로 24시간으로 정해졌는데, 이것을 태양일이라고 합니다. 반면 태음일은 달이 뜨고 지는 것을 기준으로 24시간 50분이 하루로 정해진 것입니다.

태양일   태음일

조석이 일어나는 이유를 밝힌 사람은 누구인가요?

처음으로 조석을 증명한 사람은 뉴턴입니다. 뉴턴은 조석을 일으키는 힘의 정체는 조석력이라고 했습니다.

조석력이요?

조석력은 달이나 태양의 만유인력이 지구의 각 부분에 미치는 크기가 다르기 때문에 생긴답니다.

아, 그렇군요.

3

밝혀지는 조석의 비밀

달, 태양, 그 밖의 천체의 만유인력은 조석에 어떤 영향을 미칠까요?
해양뿐 아니라 지각, 대기, 인체에도 영향을 미치는 조석력에 대해 알아봅시다.

3

로슈의 두 번째 수업은
조석력에 관한 내용이었다.

 뉴턴은 조석을 일으키는 힘의 정체가 조석력이라고 했습니다. 이번 시간에는 조석력에 대해서 자세히 알아보겠습니다.
 조석력은 두 지점의 만유인력의 차이라고 할 수 있습니다. 만유인력은 거리에 따라 달라지므로 지구상의 위치에 따라 달로부터 작용하는 만유인력도 달라집니다.
 예를 들어, 달이 지구의 오른쪽 멀리 있는 경우 지구 중심에 작용하는 만유인력은 달 가까운 쪽 표면에 작용하는 만유인력보다 작지만, 그 반대쪽 표면에 작용하는 만유인력보다 큽니다.

따라서 지구의 오른쪽 표면에는 지구 중심에 대해서 오른쪽으로 잡아당기는 힘이 작용하고, 지구의 왼쪽 표면에는 지구 중심에 대해서 왼쪽으로 잡아당기는 힘이 작용합니다.

지구의 양쪽 표면에는 지구 중심에 대해서 양 바깥쪽으로 잡아당기는 힘이 작용하는 셈입니다. 이 힘이 조석력입니다.

조석력은 만유인력과 어떻게 다른가요?

조석력은 천체의 각 점에 작용하는 만유인력에서 천체의 중심에 작용하는 만유인력을 빼서 구할 수 있습니다.

달에 의해 지구의 각 점에 작용하는 조석력을 나타내 보면 다음 그림과 같습니다. 화살표의 크기가 조석력의 크기를 나타내고, 화살표의 방향이 조석력의 방향을 나타냅니다.

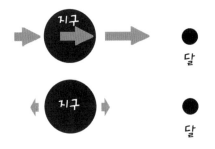

오른쪽 멀리 달이 있는 경우
(위) 지구 중심과 양쪽 표면에 작용하는 만유인력
(아래) 양쪽 표면에서 지구 중심에 대해 작용하는 힘

그림에서 조석력은 달과 지구의 중심을 잇는 선상에서 양쪽으로 잡아당기는 방향으로, 또 중심을 잇는 선과 수직인 방향에 대해서는 중심쪽 방향으로 작용하는 것을 볼 수 있습니다.

이렇게 조석력은 만유인력과 달리 천체 간의 거리의 제곱이 아닌 세제곱에 반비례합니다. 이 때문에 조석력은 만유인력에 비해 천체 간의 거리에 더 민감하게 반응합니다.

조석력과 조석은 어떤 관계에 있나요?

지구에 작용하는 조석력은 지구를 변형시키도록 작용합니다. 달이 지구에 미치는 조석력은 그림의 화살표 방향으로 작용하여 한쪽으로는 지구를 찌그러뜨리고 다른 쪽으로는 지구를 잡아 늘입니다.

지구의 단단한 지각은 이렇게 찌그러뜨리고 잡아당기는 힘에 저항하는 힘이 크므로 약간만 변형이 됩니다.

하지만 바닷물은 그렇지 못합니다. 바닷물은 지각에 비하여 상대적으로 저항력이 약하기 때문에 많이 눌리거나 끌려가게 됩니다. 그래서 바닷물이 양옆으로 끌려가는 곳은 밀물이 되고 중심을 향해 눌리는 곳은 썰물이 되는 것입니다.

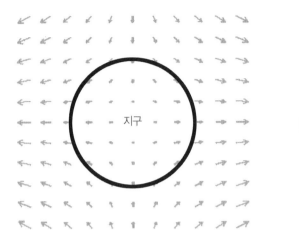

오른쪽 멀리 달이 있는 경우,
지구의 각 점에 작용하는 달의 조석력의 크기와 방향

결국 바닷물은 달과 지구의 중심을 지나는 축을 따라 밀물이 되고 이 축과 수직인 방향을 따라서는 썰물이 됩니다.

그렇다면 지구가 달과 공통 무게 중심 주위로 돌 때 생기는 원심력은 조석력에 영향을 미치지 않을까요?

지구와 달은 멈춰 서 있는 것이 아니라 서로 돌아가고 있습니다. 천체가 회전하고 있을 때는 원심력이 작용하므로 원심력의 영향도 고려해야 합니다. 이 원심력 효과를 조석력에 합한 것이 실제 지구에 작용하는 조석력인데, 결과는 앞에서 그림으로 표시한 조석력과 거의 비슷합니다.

태양은 지구에 조석력을 미치지 않나요?

태양도 역시 지구의 조석에 영향을 미칩니다. 다만 조석력은 거리에 더 민감하게 변하기 때문에 멀리 있는 태양의 조석력이 가까이 있는 달의 조석력보다 작을 뿐입니다.

조석력은 만유인력과 달리 거리의 세제곱에 반비례하기 때문에, 멀리 있는 태양의 조석력이 가까이 있는 달의 조석력보다 더 작아지기 때문이죠.

조석력은 다른 천체로부터 천체의 두 지점에 작용하는 만유인력의 차이입니다. 태양이 지구에 미치는 만유인력 자체는 달보다 180배나 크지만, 태양은 달보다 390배나 멀리 있어서 지구 중심과 표면에 미치는 만유인력의 차이는 오히려 달의 경우보다 더 작아지기 때문입니다.

태양의 조석력과 달의 조석력 비를 자세히 계산해 보면 다음과 같습니다.

$$\frac{\text{태양의 조석력}}{\text{달의 조석력}} = \frac{27}{59} \fallingdotseq 0.46\text{배}$$

즉, 태양의 조석력은 달의 조석력 절반에 약간 못 미치는 셈입니다. 이런 이유 때문에 달이 조석에 더 크게 영향을 미치는 것입니다.

그렇지만 태양이 조석에 미치는 영향은 무시할 수 없으며 사리나 조금에 영향을 미치고 있습니다.

__조석력은 달을 따라 움직이는데 어떻게 매일 조석이 일어나는 건가요?

앞서 살펴보았듯이 조석력의 크기는 지구와 달을 잇는 축을 따라 가장 커집니다. 그런데 지구는 제자리에 멈추어 있는 것이 아니라 하루에 1번씩 자전을 하고 있습니다. 이 때문에 조석은 지구의 각 지역을 이동하면서 일어나는 것입니다. 다시 말해 지구가 자전함에 따라 달과 지구를 잇는 축을 지날때 밀물이 되고, 이 축과 직각인 축을 지날 때 썰물이 되는 것입니다.

따라서 바닷물은 달에 가까운 쪽만 높아지는 것이 아니라 그 반대편도 높아집니다. 그리고 지구는 하루에 한 바퀴씩 자전하고 있으므로 하루에 2번씩 조석이 일어나는 것입니다.

__달 가까운 쪽의 바닷물의 수위만 높아지지 않고 그 반대쪽 편도 높아지는 이유는 뭔가요?

그것은 조석력이 지구와 달을 잇는 축 양쪽으로 크게 작용하기 때문입니다.

바닷물은 조석력이 커지는 방향을 따라 쓸려 나가므로 달에 가까운 쪽과 정반대 쪽의 수위가 동시에 높아지는 것입니다.

사리와 조금은 왜 생기나요?

조석이 일어나는 것은 달의 조석력에 의한 영향이 크지만, 태양의 조석력도 무시할 수 없습니다. 사리와 조금은 달과 태양이 서로 간의 위치 관계에 따라 서로 협력하거나 상쇄하는 기능을 하기 때문에 생기는 것입니다.

달과 태양의 영향이 서로 합쳐져서 조석을 크게 만들면 사리가 되고, 서로 분산되어 조석을 약하게 만들면 조금이 됩니다.

다시 말해 달이 초하루나 보름이 되면 태양과 달 그리고 지구가 일직선상에 놓이게 되죠. 이렇게 되면 달과 태양의 조석력이 합쳐지기 때문에 사리가 되는 것입니다.

또, 반대로 달이 상현이나 하현인 경우에는 태양과 달이 서로 직각인 위치에 놓이게 되어 이들의 조석력을 서로 상쇄시키는 효과가 있기 때문에 조금이 되는 것입니다.

좀 더 쉽게 설명해 볼까요?

다음 그림을 봅시다. 달이 삭인 경우에는 지구의 한쪽 편에 달과 태양이 같은 선상에 놓이고, 달이 보름인 경우에 지구를 중심으로 서로 반대편으로 태양과 달이 일직선상에 놓이게 됩니다.

이 경우 태양과 달의 조석력은 서로 같이 작용, 강화되어 조석차가 최대가 됩니다. 이때가 사리 또는 대조가 되는 것이죠.

하지만 상현이나 하현일 때는 달과 태양이 지구를 중심으로 직각선상에 놓이게 되어 태양과 달의 조석력은 서로 직각이 되는 방향으로 작용하여 조석 효과가 가장 작아집니다.

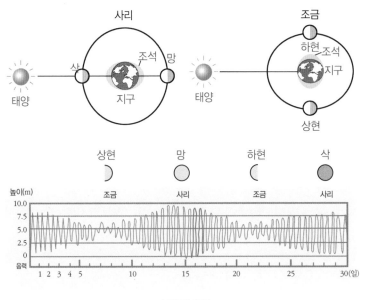

날짜와 음력

이때 조금 또는 소조가 되는 것이죠. 조금일 때 조석의 크기는 평균 조석의 크기보다 10~30% 정도 줄어듭니다.

실제로 사리가 나타나는 것은 삭이나 보름이 아니라 그 전후로 약 1~2일의 차이가 생깁니다.

그 이유는 바닷물의 운동은 달이나 태양의 조석력에 의해 즉각 반응을 나타내는 것이 아니라 관성의 영향을 받고, 또 해저 지형이나 바다 밑바닥 면과의 마찰 등에 영향을 받기 때문에 늦어지는 것입니다.

조석이 매일 50분씩 늦어지는 이유는 뭔가요?

달이 매일 50분씩 늦게 뜨는 것과 관련이 있습니다.

__그렇다면 달이 매일 50분씩 늦게 뜨는 이유는 뭔가요?

달이 지구 주위를 공전하기 때문입니다. 달이 지구 주위를 공전하지 않고 제자리에 가만히 있다면 지구가 한 바퀴 자전하고 나면, 다시 말해 24시간이 지나고 나면 다시 달을 볼 수 있겠지요.

하지만 달은 제자리에 가만히 있는 것이 아니라 약 27.3일 주기(이것을 달의 공전 주기라고 함)로 지구 주위를 돌고 있습니다. 따라서 달은 매일 지구 주위를 $360° \div 27.3 \fallingdotseq 13°$ 만큼 돌아가게 됩니다. 이 때문에 지구는 같은 위치에서 달을 보려면 이 각도만큼 더 돌아가야 됩니다. 지구가 $13°$ 더 돌아가는 데 걸리는 시간은 다음과 같습니다.

$$24시간 \times \frac{13°}{360°} \fallingdotseq 0.87시간 \fallingdotseq 52분$$

따라서 지구가 달을 볼 수 있는 주기는 다음과 같습니다.

자전 주기(24시간) + 52분 = 24시간 52분

조석은 하루에 2차례 일어나므로 조석 주기는 위에서 구한 주기의 절반이 되므로 다음과 같이 됩니다.

24시간 52분 ÷ 2 = 12시간 26분

즉, 만조에서 다음 만조까지의 조석 주기는 약 12시간 25분이 되는 것입니다.

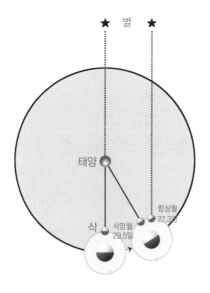

다른 행성들은 지구 조석에 영향을 미치지 않나요?

물론 태양 주위를 돌고 있는 금성이나 화성과 같은 천체도 지구에 만유인력을 작용합니다. 따라서 이 행성들에 의한 조석력도 지구에 미치고 있습니다.

하지만 다른 행성들은 지구와 가까이 있다고 해도 달에 비하면 100배 이상 멀리 있을 뿐 아니라 질량도 태양과 비교하면 $\frac{1}{1000}$ 이하로 매우 작습니다. 이 때문에 이들이 지구에 미치는 조석력은 달이나 태양에 비하면 극히 작습니다.

이 때문에 이들의 영향은 무시해도 전혀 문제가 되지 않으므로 고려하지 않는 것입니다.

조석은 꼭 바다에서만 일어나나요?

아닙니다. 조석에 의해서 바닷물의 수위만 변하는 것은 아닙니다. 강물의 수위도 변할 수 있습니다. 바다에 유입되는 강의 하구 근처에서 조석을 볼 수 있습니다.

브라질 아마존 강이나 영국 템스 강에서는 밀물과 썰물을 볼 수 있습니다. 한국의 임진강에서도 밀물과 썰물 차가 확연하게 보입니다. 이러한 하천을 감조 하천이라고 합니다.

조석파란 무엇인가요?

조석파는 조석력의 작용으로 물결이 높아졌다 가라앉으며 생겨나는 물결의 파동입니다. 조석파는 조랑이라고도 하며 파도가 되어 해양에 전파됩니다.

조석은 조석파의 형태로 전파되는데 전파되는 과정에서 해륙 분포나 해저 지형의 영향을 받아 복잡하게 반사되거나 회절되기도 하고, 또 마찰에 의해 약해져서 변형되기도 합니다. 이 때문에 조석이 장소에 따라 크게 달라지는 것입니다.

때로는 지진 해일(쓰나미)을 조석파라고 일컫는 경우도 있는데, 지진 해일은 해저의 격렬한 지각 변동으로 생기는 것으로 조석파와 다릅니다. 조석파는 해수 밑으로 내려갈수록 힘이 더 약해져서 어느 정도의 깊이에 이르면 물은 거의 요동하지 않지만 지진 해일의 경우는 그렇지 않습니다. 지진 해일은 수심이 수 km나 되는 바다에서도 수면에서부터 바다 밑바닥까지 영향을 미칩니다.

달과 태양의 조석력은 바닷물이나 강물에만 나타나나요?

조석력은 해양이나 강에만 미치는 것은 아닙니다. 조석력은 해양뿐만이 아니라 온 지구에 미치고 있습니다.

다시 말해 조석력은 단단한 지구 표면(지각)에도 작용하고 대기에도 작용합니다. 따라서 조석은 해양뿐만 아니라 단단한 지각이나 대기에서도 나타날 수 있습니다.

__그렇다면 지각에 조석이 나타난다는 것은 무슨 의미인 가요?

 지각에 작용하여 일어나는 조석 현상을 지구 조석이라고 하는데, 지구 조석은 지구가 자전함에 따라 지각이 들어 올려졌다 내려졌다 하는 형태로 나타납니다. 우리는 느끼지 못하고 있지만 지구 조석의 결과로 지표면은 하루에 2번씩 진폭이 30cm 정도 오르내리고 있습니다.

 지구 조석은 바다의 조석과 유사합니다. 지구 조석은 고체 지구가 태양과 달의 중력장 내에서 자전함에 따라 일어나는 지구의 변형 작용으로 나타납니다.

 조석력이 바닷물을 천체(달 또는 태양)와 지구를 잇는 축 방향을 따라 잡아 늘이듯이 지각을 잡아당기고, 축에 대해 수

직인 방향으로는 압축시켜 지각을 뒤트는 것입니다. 이 때문에 지구는 어느 정도 변형됩니다.

조석력은 지구 대기에도 미치고 있으므로 대기에서도 조석이 나타납니다. 천체의 조석력이 대기에 작용하여 미치는 조석을 대기 조석이라 부릅니다.

대기 조석은 대기가 바다나 지각처럼 조석력에 의해 양축 방향으로 쏠려 가듯이 조석력에 의해 양축 방향으로 쏠려 기압이 증가하고, 또 반대로 수직 방향으로는 감소하는 것을 의미합니다.

하지만 공기는 물에 비해 밀도가 낮으므로 대기 조석은 바다의 조석에 비하면 훨씬 작은 규모로 일어납니다.

지구 조석이나 대기 조석과 구분하기 위하여 바다에서 일어나는 조석을 해양 조석이라고 하여 구분하기도 합니다.

__밀물이나 썰물 때 해면의 높이는 조석력에 의해 변한다는 것을 알았습니다. 그렇다면 오로지 조석력에 의해서만 변하나요?

그렇지는 않습니다. 밀물이나 썰물 때 해면의 높이를 조위(潮位)라고 하는데, 조위는 반드시 조석력에 의해서만 변하는 것은 아닙니다.

조위는 기압의 변화나 바람 또는 해수 온도 등의 변동에 의해서도 변할 수 있습니다. 기상 변화에 따라 일어나는 조석을 기상조(氣象潮)라고 합니다. 기상조도 조석의 일종으로 간주합니다. 기상조에는 1일, 1년을 주기로 변하는 경우도 있지만 해일과 같이 일시적인 경우도 있습니다.

기상조와 구별하기 위해 천체의 조석력에 의해 일어나는 조석을 천문조(天文潮)라고 합니다.

＿동물의 몸은 70~80% 이상 물로 채워져 있는데, 생체는 조석력의 영향을 받지 않을까요?

이것은 대답하기 좀 어렵습니다. 달이나 태양의 조석력은 지구 전체에 미치고 있습니다. 따라서 조석력은 분명히 생체에도 작용합니다. 하지만 그 영향이 어느 정도인지 분명하게 말하기가 어렵습니다.

물론 조석력은 사람뿐 아니라, 동물들에게도 영향을 미친다고 주장하는 사람들이 있습니다. 달의 인력이 생체에 끼치는 효과를 일컬어 생체 조석이라고 합니다.

해양 생물들의 짝짓기 행태를 살펴보면 섬게나 흰발농게의 생식 주기는 달 공전 주기와 일치한다고 합니다. 또, 굴은 보름과 그믐 때 껍질을 연다고 하는군요. 이런 현상은 조석 주기와 관련이 있다는 증거입니다.

또, 오스트레일리아 대보초 지역에서는 보름달이 떴을 때

무수한 산호충이 만조에 맞춰 정자와 알을 뭉게구름처럼 방출하는 장관이 연출되며, 물고기들이 1조수일(tidal day)에 맞춰 먹이를 찾는 행동이 나타난다고 합니다.

선생님, 조석력은 정확하게 무엇인가요?

조석력은 두 지점의 만유인력의 차이라고 할 수 있습니다.

만유인력은 거리에 따라 달라지므로, 지구상의 위치에 따라 달로부터 작용하는 만유인력도 달라집니다.

그럼 태양은 지구의 조석에 영향을 미치나요?

물론 미칩니다. 다만 조석력은 거리에 민감하기 때문에 멀리 있는 태양의 조석력이 가까이 있는 달의 조석력보다 작을 뿐입니다.

그럼 태양의 조석력은 무시해도 되나요?

태양이 조석에 미치는 영향은 무시할 수 없으며 사리나 조금에 영향을 미치고 있습니다.

사리와 조금이요?

사리와 조금은 달과 태양이 서로간의 위치 관계에 따라 서로 협력하거나 상쇄하는 기능을 하기 때문에 생기는 것입니다.

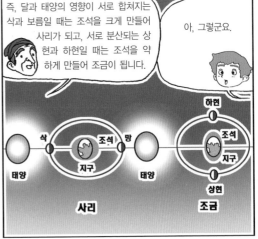

즉, 달과 태양의 영향이 서로 합쳐지는 삭과 보름일 때는 조석을 크게 만들어 사리가 되고, 서로 분산되는 상현과 하현일 때는 조석을 약하게 만들어 조금이 됩니다.

아, 그렇군요.

태양 삭 조석 망 지구

사리

하현 조석 지구 상현

태양

조금

4

하루가 점점 길어진다!

지구의 하루는 점점 길어지고 달은 지구에서 점점 멀어지고 있습니다.
그 원인이 되는 조석 마찰과 동주기 자전에 대해 알아봅시다.

4

하루가 점점 길어진다!

로슈가 오래된 조개 화석을
들고 들어와 수업을 시작했다.

조석력은 바닷물이나 지각뿐 아니라 지구의 운동에도 영향
을 미칩니다. 이번 시간에는 조석력이 지구와 달의 자전 및
공전에 미치는 영향에 대해서 알아보겠습니다.

조석 마찰이란 뭔가요?

조석력으로 지구의 바닷물은 달을 마주 보고 있는 부분과
그 반대쪽 부분을 향해서 계속 움직이지만 육지는 지구의 자

전에 따라 회전하고 있으므로, 결국 조류는 육지나 바다 밑 바닥과 마찰이 생겨나게 됩니다. 이것을 조석 마찰이라 하는데, 조석 마찰은 결과적으로 지구의 자전을 방해하는 기능을 합니다.

지구에 달의 조석력이 작용하면 달을 향한 방향과 그 반대쪽의 해면은 불룩하게 불어나게 됩니다.

해면이 불룩하게 불어나는 데는 시간이 걸리고, 달이 지구 주위를 공전하는 동안 지구는 빠르게 자전하고 있어서 불룩해지는 부분은 달과 지구를 잇는 축에서 약간 벗어난 위치에 생깁니다.

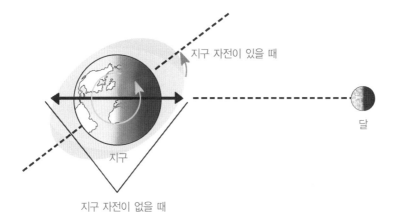

지구 자전이 있을 때

지구 자전이 없을 때

지구

달

이 때문에 지구의 불룩해진 부분에 작용하는 달과 태양의 인력도 지구의 자전을 방해하므로 역시 지구의 자전은 감속합니다.

즉, 조석 마찰에 의해 지구의 하루는 계속해서 점점 길어진 다는 겁니다.

조석 마찰로 길어지는 하루의 길이는 100년에 $\frac{1}{500}$초, 5만 년에 1초 정도가 됩니다.

__그러면 조석 마찰은 달에는 영향을 미치지 않나요?

지구의 속도가 느려진다는 것은 에너지를 잃는 것이고, 반대로 달은 지구로부터 에너지를 얻게 됩니다. 이것은 달의 공전을 가속하는 기능을 하여 달을 지구에서 멀어지게 합니다.

결국 달이 지구에 미치는 조석력은 조석 마찰을 유발하여 지구와 달의 자전과 공전 에너지를 변화시키고 있는 것입니다.

달은 매년 지구로부터 약 3cm씩 멀어져 가고 있습니다. 이러한 현상은 천문학적 관측을 통해서 실제로 확인되고 있습니다.

달의 한쪽 면만 보이는 것도 조석력과 관계가 있나요?

아주 좋은 질문입니다. 지구에서는 달의 반쪽만 볼 수 있죠. 그것은 달이 지구 주위를 1번 공전하는 동안 1번밖에 자전하지 않기 때문에 항상 달의 한쪽 면이 지구를 향하는 것입니다.

이와 같은 천체의 자전을 동주기 자전이라 하죠. 달이 동주기 자전을 하게 된 것은 지구가 달에 미친 조석력 때문에 달의 자전 속도가 계속 느려진 결과입니다. 달이 처음부터 동주기 자전을 하고 있었던 것은 아니랍니다.

동주기 자전은 태양계의 위성들에 흔히 나타나는 현상입니다. 태양계의 행성들 주위를 돌고 있는 큰 위성 대부분은 행성의 영향으로 동주기 자전을 하고 있습니다.

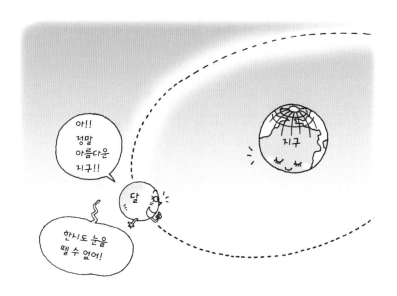

___그렇다면 행성들 역시 위성과 동주기 자전을 해야 하지 않나요?

위성들의 조석력은 행성의 자전을 느리게 합니다. 태양계의 나이는 약 46억 년이 되었는데, 그동안 위성들의 조석력도 계속 행성들의 자전을 늦추어 왔을 것입니다.

그렇지만 행성들은 위성들보다 질량이 훨씬 크기 때문에 아직도 위성과 같이 동주기 자전을 하지 않는 경우가 대부분입니다.

지구의 자전 속도가 계속 느려지면 어떻게 되나요?

달은 지구 질량의 $\frac{1}{81}$이나 되므로 지구도 상대적으로 매우 큰 위성을 거느리고 있는 셈입니다. 이 때문에 지구도 상당히 강한 달의 조석력을 받고 있는 셈입니다.

달이 지구에 미치는 조석 마찰은 지구의 자전을 계속 감소시키는데, 이것은 지구도 달과 동주기 자전을 할 때까지, 다시말해 동일한 지구 표면이 달을 향하게 될 때까지 계속됩니다.

지구가 달과 동주기 자전을 하게 되면 지구의 하루는 한 달과 같아지게 되는 것입니다. 그렇게 되면 그때의 하루는 무척이나 긴 하루가 되겠지요. 하지만 이런 일은 수십억 년 후에나 일어나기 때문에 미리 걱정할 필요는 없습니다.

__그렇다면 과거에는 하루 길이가 지금보다 짧았다는 말인가요?

그렇습니다. 산호나 스트로마톨라이트, 조개 등의 화석에 새겨진 나이테로 조사해 보면 과거의 1년 날수를 알 수 있는데 과거에는 1년 날수가 더 많았다는 것을 알 수 있습니다.

1년 길이는 변하지 않았으므로 1년 날수가 많았다는 것은 결국 하루 길이가 짧았다는 것을 의미합니다.

좀 더 자세히 설명해 볼까요?

조석 마찰은 현재에만 작용하는 것이 아니라 과거에도 작용하였습니다. 따라서 과거에는 달이 지금보다 더 가까운 거리에 있었고, 지구도 더 빠른 속도로 자전하고 있었습니다.

만일 과거의 1년 날수를 알 수만 있다면 하루가 몇 시간이었는지, 또 지구가 지금보다 얼마나 빨리 자전하고 있었는지 알 수 있겠죠?

지질학자들은 그 방법을 알아냈는데, 그것은 산호나 스트로마톨라이트, 조개 화석을 이용하는 것이었습니다.

산호는 얇고 가느다란 탄산칼슘 띠를 하루에 1줄씩 만듭니다. 산호의 화석에는 이 띠가 남아 있으므로 산호 화석의 띠

벌써 해가 저무네!

수를 세어 보면 당시의 1년 날수를 알 수 있습니다.

약 4억 년 전 산호 화석의 띠의 수는 400개 정도였습니다. 따라서 4억 년 전에는 1년이 400일이었다는 것을 알 수 있습니다.

＿그렇다면 4억 년 전의 하루의 길이는 어떻게 되죠?

현재의 하루는 24시간이고 1년은 365일입니다. 하루와 1년의 길이는 지구의 자전 주기와 공전 주기로 정해진 것이므로, 현재 지구는 24시간 만에 한 번 자전하고 365일 만에 한 번 공전하고 있습니다.

지구는 조석 마찰로 지구의 자전 시간이 5만 년에 1초 정도 늦어진다면 4억 년 전 지구의 자전 속도는 현재보다 얼마나 빨랐을까요?

1:5만 년=□:4억 년

과 같은 비례식이 성립하므로,

□=4억 년÷5만 년=8,000초≒2시간

이 되어 현재보다 2시간가량 빨랐을 것입니다. 따라서 4억 년 전의 하루는 24시간이 아니라 22시간이었습니다.

　현재 1년의 날수는,

365일 × 24시간 = 8,760시간이므로

당시 1년의 날수는

8,760시간 ÷ 22시간 ≒ 400일

이 된다는 것을 알 수 있습니다.

다른 증거도 있습니다.

조개 껍데기에도 산호의 나이테와 비슷한 무늬가 있습니다.

　조개가 바다 밑에 가라앉아 있는 만조 때와 물 밖으로 드러
난 간조 때는 온도가 달라 가장자리 부분에 나무의 나이테와

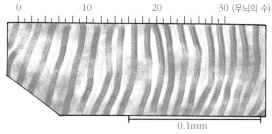

전자 현미경으로 본 조개의 나이테

같은 무늬를 만들면서 성장합니다.

따라서 조개 껍데기에는 조석 주기가 새겨지고, 또 밤과 낮의 변화와 계절 변화에 따른 무늬 변화도 아울러 새겨지게 됩니다. 조개의 무늬 수와 폭을 조사하면 예전의 1삭망월의 수가 현재보다 많았다는 것을 알 수 있습니다.

뭘 그렇게 열심히 하나요?

내일이 개학인데 방학 숙제를 하나도 안 했 대요.

방학이 하루만 더 길었으면 좋겠어요.

지금도 하루의 시간이 늘어나고 있답니다.

시간이 늘어난다 고요?

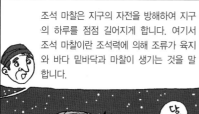

조석 마찰은 지구의 자전을 방해하여 지구 의 하루를 점점 길어지게 합니다. 여기서 조석 마찰이란 조석력에 의해 조류가 육지 와 바다 밑바닥과 마찰이 생기는 것을 말 합니다.

이렇게 계속 지구의 자전이 감소되어 지구와 달이 동주기 자전을 하게 되면 지구의 하루 는 한 달과 같아지게 될 것입니다.

그럼 과거에는 시간 이 더 짧았다는 건가 요?

그렇습니다. 과거의 시간은 산호나 조개로 알 수 있는 데 대략 하루가 22시간이 었답니다.

그럼 시간이 늘어나면 숙제할 시간도 늘어나 겠네요.

그렇게 되려면 앞으로 수억 년도 넘게 지나야 돼요.

그냥 열심히 숙제를하는 게 더 나을거야.

이 많은 숙제를 어떻게 하지?

5

조석력이 일으키는
월진과 화산

지진은 지구에만 있는 현상일까요? 달의 월진과
목성 위성의 화산 활동을 통해 조석력의 위력을 느껴 봅시다.

5

다섯 번째 수업

조석력이 일으키는
월진과 화산

로슈가 은근한 미소를 띠며
다섯 번째 수업을 시작했다.

이번 시간에는 조석력이 빚어내는 더욱 극적인 사례들을 살펴보도록 하죠.

먼저 여러분에게 질문을 던지고 수업을 시작하도록 하겠습니다.

혹시 '월진(月震)'이란 말을 들어본 적이 있나요? '월진'은 무엇을 의미한다고 생각하나요?

월진은 달에서 일어나는 지진을 말하는 것입니다. 지각의 흔들림을 지진이라 한다면, 달 표면의 흔들림을 월진이라고 해야겠지요.

__그렇다면 실제로 달에 월진이 있나요?

그렇습니다. 1969년 아폴로 11호의 달 착륙 후 달 표면에 놓고 온 지진계에 의해 달에서도 지구에서의 지진과 같은 것이 있다는 사실이 처음 기록되었습니다.

당시까지 달은 지구와 달리 화산 활동이나 지각 활동이 없는, 지질학적으로 차갑게 죽은 천체라고 생각하고 있었습니다.

원래 달에 월진계를 설치한 목적은 지진파를 이용해 달 내부를 조사하기 위한 것이었습니다. 그런데 차갑게 죽어 있다고 생각한 달에서 월진이 기록된 것입니다. 더구나 월진계를 통해 달에 상당히 빈번한 월진이 일어나고 있다는 것을 관측하였습니다.

__ 월진은 지진과 똑같은 것인가요?

그렇지 않습니다. 월진은 다음과 같은 점에서 지구에서의 지진과 다릅니다.

첫째, 진원의 깊이가 크게 다릅니다.

월진의 진원은 800~1,000km 깊이에서 일어나는 데 비해, 지진의 진원은 표면에서 약 700km 이내에서 일어납니다. 이것은 별 차이가 없는 것처럼 느껴질지 모르지만 달의 지름이 지구 지름의 $\frac{1}{4}$ 정도라는 것을 감안하면 월진은 달 반지름

절반 정도로 매우 깊은 반면, 지진의 진원은 지구 반지름의 $\frac{1}{9}$ 이하로 상당히 얕다는 차이가 있습니다.

둘째, 진도가 크게 다릅니다.

월진의 진도는 3 이하로 지구에서의 지진보다 지진 활동이 훨씬 미약하다는 특징이 있습니다.

셋째, 월진은 주기적으로 발생합니다.

월진은 1달에 2차례씩 지구에서의 지진보다 빈번히 발생합니다.

월진을 일으키는 정체는 무엇일까요?

지구와 달은 서로 만유인력을 통하여 결합되어 있습니다. 달이 지구에 조석력을 미친다면 당연히 지구도 달에 조석력을 미치겠죠?

지구가 달에 미치는 조석력은 달이 지구에 미치는 조석력에 비해 훨씬 더 크게 나타납니다. 지구는 달보다 81배나 무겁기 때문에 달의 표면은 지각에 비해 더 크게 오르락내리락하고 있습니다.

이와 같은 지구의 강한 조석력의 영향이 달 내부에 열을 발생시켜 이 열로 달에서는 미약한 월진이 일어나는 것이 아닌가 생각하고 있습니다.

월진이 지구 조석력 때문이라는 것은 월진이 지구와 가까운 위치에 있을 때 더 많이 발생하는 점으로도 짐작할 수 있습니다.

또 한 달에 2차례씩 월진 발생 횟수가 특별히 빈번해지는 것도 조석력으로 설명됩니다. 이것은 1달에 2번씩 사리와 조금이 생기는 현상과 같은 원리로 태양과 지구가 한 달에 두 번씩 협력하여 달에 조석력을 작용하기 때문일 것입니다.

결국 차갑게 식어 버렸다고 생각되던 달도 지구와의 사이에 생기는 강대한 조석력의 영향으로 일그러지고 떨리고 있는 것입니다.

목성의 위성 이오에서 발견된 화산

1979년 3월, 목성을 탐사했던 미국 항공 우주국(NASA)의 보이저 1호와 2호는 아주 놀라운 사실을 발견했습니다. 목성의 위성 이오에서 불을 뿜고 있는 화산들을 발견한 것입니다.

태양계 내의 여러 천체들 중에서 활화산이 발견된 천체로

이오

이렇게 추운 곳에서도 내 몸은 불덩이야!

는 아직까지 지구를 제외하고는 이오가 유일합니다.

태양계 저 멀리 태양광 혜택이 별로 미치지 않아 싸늘하게 식어 얼음밖에 없으리라 생각되던 곳에서 불타오르는 활화산들을 발견한 것이죠.

보이저 탐사선들은 이오에서 불을 뿜고 있는 화산을 8개나 발견하였고, 1990년대 말에 목성을 탐사했던 갈릴레오 탐사선은 18개를 더 발견한 바 있습니다.

또 갈릴레오 탐사선은 이오의 표면이 화산 분출물로 다시 덮여 보이저 호의 탐사 때와 완전히 바뀐 모습을 확인하였는데 이것은 이오의 화산 활동이 얼마나 활발한지를 잘 보여 주는 증거라 하겠습니다.

또한, 이오에는 이와 같은 화산 활동 외에 지진 활동도 매우 활발한 것으로 관측됩니다.

목성에는 30개가 넘는 위성이 있습니다. 그들 중 4개가 달과 크기가 비슷할 정도로 특별히 큽니다. 이 위성들은 갈릴레오 갈릴레이(Galileo Galilei, 1564~1642)가 망원경으로 처음 발견하여 갈릴레오 위성이라 불립니다. 나머지 위성들은 대체로 작습니다.

이오는 4개의 갈릴레오 위성들 중 하나로 가장 안쪽 궤도를 돌고 있는 위성입니다. 이오의 크기나 질량은 달과 거의 비슷하지만, 겉모습은 완전히 딴판입니다.

이오는 달과 달리 충돌한 흔적 (크레이터)은 하나도 보이지 않고 붉고, 노랗고, 희고, 검은색으로 뒤덮여 있습니다. 이것은 이오의 내부에서 일어나고 있는 화산 활동 때문입니다.

이오의 화산은 지구의 화산과 어떻게 다른가요?

이오의 화산은 지구의 화산과 좀 다릅니다. 이오의 화산 분출은 화산이라기보다 평지에서 분출되어 흐르는 간헐천 같은 형태입니다.

이오는 표면 온도가 −140℃로 아주 차가운 곳입니다. 이런 차가운 곳에서 이오의 활화산들은 초속 1,000m의 속도로 표면 위 300km 상공까지 화산 분출물을 뿜어 올리는데, 화산에서 방출된 황과 이산화황 기체는 곧바로 냉각되어 눈으로 내립니다.

달이나 화성의 화산 활동은 오래전에 끝났습니다.

처음 태어났을 때에는 화산 활동을 하였지만 그 후 식어서 달의 화산 활동은 지금으로부터 30억 년 전에 끝났습니다.

또, 달보다 지름이 2배나 큰 화성도 한때 활발한 화산 활동을 하였고, 또 태양계 내에서 가장 큰 활화산이 있었지만 역시 지금으로부터 약 10억 년 전에 모두 사라져 버렸습니다.

지구에서 일어나는 화산은 지구의 내부에 있는 갖가지 방사성 동위 원소가 서로 반응하고 붕괴해서 방대한 열에너지를 냄으로써, 암석을 녹여 마그마를 만들고 이것을 지표로 분출하여 생기는 것입니다.

달이나 화성의 화산 활동이 일찍 끝나 버린 것은 이 천체들이 모두 질량이 작아서 내부에서 열에너지를 방출하는 에너지원이 고갈되었고 지구와 같은 지각 내부의 순환이 지속적으로 일어나지 않았기 때문입니다.

그런데 달과 크기가 비슷하고 지름이 화성의 반밖에 되지 않는 작은 위성 이오에서 어떻게 지금까지 화산 활동이 활발하게 일어날 수 있을까요?

결국 이오의 화산 활동은 지구를 비롯한 다른 천체와 전혀 다른 법칙에 의해서 일어난다고 생각하지 않을 수 없습니다. 그것은 무엇일까요?

갈릴레오 탐사선의 관측으로 이오의 화산 활동은 목성을 향하고 있는 면과 그 반대쪽 면에 집중되고 있다는 사실이 밝혀졌습니다. 이것은 목성의 조석력에 의해 이오 내부에서 마찰열이 발생하기 때문일 가능성이 많습니다. 목성은 질량이 지구의 300배에 달하고 부피는 1,320배에 이르는 거대한 행성입니다. 목성의 강력한 조석력이 이오의 화산 활동과 지진 활동을 유발하고 있는 것입니다.

이오는 갈릴레오 위성 중 가장 가까이서 목성 주위를 돌고 있습니다. 이것은 지구와 달의 거리와 비슷합니다. 하지만 이오가 목성으로부터 받는 조석력은 달이 지구로부터 받는 조석력의 300배나 되기 때문에 미약한 월진에 그치는 것이 아니라 엄청난 화산 활동으로까지 확대된 것으로 짐작합니다.

그뿐 아니라 이오는 가까이 이웃하고 있는 다른 갈릴레오 위성들의 조석력까지 함께 받고 있는 것으로 생각합니다.

목성과 다른 위성들의 조석력으로 이오의 표면은 42시간 내에 100m씩이나 오르내리고 있습니다. 이 때문에 이오 내부 온도가 상승하고, 이 열에 의해 지진과 화산 활동이 일어나고 있는 것으로 짐작합니다.

＿다른 갈릴레오 위성들은 어떤가요?

이오의 바깥쪽에 있는 위성들, 즉 에우로파·가니메데·칼리스토는 목성 조석력의 영향을 상대적으로 적게 받고 있기 때문에 이오와 완전히 딴판입니다.

에우로파는 이오 바깥쪽에 있는 위성으로, 갈릴레오 위성 중 가장 작습니다. 에우로파 표면은 매우 매끄럽고 밝게 빛나고 있는데, 이것은 표면이 비교적 깨끗한 얼음으로 덮여 있기 때문입니다.

에우로파 표면에는 높이 50m가 넘는 지형이 거의 발견되지 않습니다. 또한 무수한 균열이 관측됩니다. 크레이터가 많이 발견되지 않았고 발견된 크레이터도 1억 년 이후에 형성된 비교적 젊은 것으로 밝혀졌습니다. 이것은 에우로파에도 화산 활동이 있었다는 것을 말해 주고 있습니다.

갈릴레오 탐사선은 가니메데 표면 아래에 거대한 바다가 있다는 증거를 포착하였습니다.

에우로파와 가니메데는 표면을 덮은 얼음에 갈라진 금이 무수히 복잡하게 나 있어, 마치 금이 많이 간 유리 구(球)와 같은 모습을 보이고 있습니다.

칼리스토 표면에는 태양계 전체에서 최대라 일컬어지는 크레이터가 발견되었습니다. 지름 1,500m에 이르는 이 바르하라 크레이터는 얼음 위성 특유의 동심원 모양의 링 지형을 보여 주는데, 이것은 대운석이 충돌했을 때 그 열로 표면의 얼음이 녹아 파문이 되어 퍼져 나간 채 다시 얼어붙은 것입니다.

똑같은 목성의 위성들이면서도 거리 차이에 의해, 또 질량 차이에 의해 완전히 다른 위성 모습을 하고 있는 것을 볼 수 있습니다. 이것은 조석력이 거리에 따라 얼마나 달라지는지를 보여 주는 좋은 예라 하겠습니다.

이번에 강도 3의 지진이 발생하여…

선생님, 혹시 달에서도 지진이 일어나나요?

달에서도 지진이 일어납니다. 달의 지진을 월진이라고 하지요.

하지만 어떻게 확인할 수 있나요?

1969년 아폴로 11호의 달 착륙 때 놓고 온 지진계에 의해 달에서도 지구 지진과 같은 일이 일어난다는 사실을 처음 알게 되었습니다.

월진이 지구의 지진과 똑같은 것인가요?

그렇지 않습니다. 첫째로 월진의 진원은 달의 중심부 정도로 매우 깊은 반면, 지진은 상당히 얕다는 차이가 있습니다.

진원

진원

둘째로 월진은 진도가 3 이하로 지진보다 지진 활동이 훨씬 미약합니다. 셋째로 월진은 한 달에 두 차례씩 지진보다 빈번히 발생합니다.

지진 발생 빈도

월진이 일어나는 원인은 뭔가요?

달에 미치는 지구의 강한 조석력의 영향이 달 내부에 열을 발생시켜, 이 열로 월진이 일어나는 것이 아닌가 생각하고 있습니다.

월진이 지구 조석력 때문이라는 것은 월진이 지구와 가까운 위치에 있을 때 더 많이 발생하는 점으로도 짐작할 수 있습니다.

아, 그렇군요.

로슈 한계란 무엇일까요?

행성은 천체가 어느 한도 이상으로 다가오면 부숴 버립니다.
그 한도인 로슈 한계에 대해 알아봅시다.

6

여섯 번째 수업

로슈 한계란
무엇일까요?

로슈가 환하게 웃으며
여섯 번째 수업을 시작했다.

드디어 내가 했던 연구를 이야기할 시간이 되었군요. 이 시
간을 무척 기다렸습니다.

우리는 행성이 위성에 미치는 조석력이 월진을 일으키기도
하고, 화산 활동을 유발하기도 한다는 사실을 알았습니다.
하지만 이것이 전부는 아닙니다. 행성이 미치는 조석력은 다
른 천체가 어느 한계 이상 다가오면 천체를 부숴 버리기도 합
니다.

__그렇다면 천체가 어느 한계 이상 다가오면 깨지게 되는
가요?

그렇습니다. 내가 이 한계를 처음으로 계산했습니다. 그래서 그 한계를 제 이름을 따서 로슈 한계라고 부르지요.

행성의 위성도 로슈 한계 내로 들어오면 행성의 조석력 때문에 부서지게 됩니다. 행성이 위성에 미치는 조석력이 위성 자체 중력보다 커져서 위성이 깨지게 되는 것이죠.

__그러면 위성의 형태를 지킬 수 있는 행성의 로슈 한계는 얼마가 되나요?

그것은 행성과 위성의 밀도에 따라 다릅니다. 만약 행성과 위성의 밀도가 같다면 로슈 한계는 행성 반지름의 약 2.5배가 됩니다. 하지만 위성들은 대부분 행성들보다 밀도가 더 낮

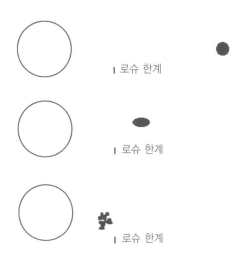

로슈 한계 : 천체가 로슈 한계 내로 진입하면 조석력에 의해 깨진다.

기 때문에 로슈 한계는 행성 반지름의 2.5배보다 약간 더 길게 됩니다.

__그런데 위성의 밀도가 낮다는 말은 무슨 뜻인가요?

밀도가 낮다는 말은 부피가 같을 때 질량이 더 작다는 뜻입니다. 일반적으로 쇳덩어리보다는 바윗덩어리가, 바윗덩어리보다는 얼음 덩어리가 밀도가 더 낮습니다.

위성이 행성보다 밀도가 낮은 이유는 행성보다 더 가벼운 물질로 이루어졌기 때문입니다. 가벼운 물질로 이루어진 위성은 중력이 약하기 때문에 행성보다 덜 단단하게 뭉쳐져 깨지기도 쉬운 거지요.

달에 대한 지구의 로슈 한계는 어떻게 되나요?

달은 지구보다 밀도가 낮기 때문에 달에 대한 지구의 로슈 한계는 지구 반지름의 2.9배 정도 됩니다.

그런데 달은 지구 반지름의 약 60배 거리에 있으므로, 로슈 한계의 약 20배 거리 밖에 있는 셈입니다. 이 때문에 달이 지구의 조석력으로 깨질 염려는 없습니다.

태양계 내의 큰 위성들은 모두 행성의 로슈 한계 훨씬 밖에서 돌고 있기 때문에 위성이 깨지는 일은 없습니다.

행성의 고리는 로슈 한계와 어떤 관계가 있나요?

고리를 갖고 있는 행성들은 목성이나 토성과 같이 크고 가벼운 기체로 이루어진 행성입니다. 이들은 모두 지구보다 지름이 4배 이상 크고, 15배 이상 무거운 행성입니다.

특히 토성은 지상에서 작은 망원경으로 알아볼 수 있을 만큼 크고 뚜렷한 고리를 가지고 있습니다. 토성의 고리는 하나의 원반 같은 것이 아니고 수없이 많은 크고 작은 얼음 덩어리로 이루어져 있습니다.

토성 고리 안쪽은 토성 반지름의 1.5배 정도이고, 바깥쪽 반지름은 토성 반지름의 2배가 넘습니다. 따라서 토성의 고리는 토성의 로슈 한계 안에 있는 셈입니다.

토성의 고리는 처음부터 로슈 한계 안에 있던 물질이 토성의 강한 조석력 때문에 위성으로 뭉치지 못했거나, 처음에는 토성의 위성이었던 것이 로슈 한계 안으로 들어와 토성의 조석력에 의해 깨져서 생성된 것으로 생각하고 있습니다.

그리고 토성의 큰 위성들은 모두 고리의 바깥쪽에 분포하

토성의 고리 : 처음부터 로슈 한계 내에 있던 물질이 토성의 강한 조석력 때문에 위성으로 뭉치지 못했거나, 처음에는 토성의 위성이었던 것이 로슈 한계 내로 들어와 토성의 조석력에 의해 깨져서 생성된 것이다.

고 있습니다.

　__ 행성의 위성이 행성의 로슈 한계 내로 접근하면 어떻게 되나요?

　만일 달이 지구에 접근하여 로슈 한계 안으로 들어온다면 달은 지구의 조석력으로 파괴될 것입니다. 그렇게 되면 달의 깨진 파편이 지구상에 비 오듯 떨어져 지구에는 생명체가 살 수 없는 행성으로 바뀌고 말 것입니다. 하지만 다행히 달은 로슈 한계 훨씬 밖에 위치하고 있으므로 그런 일은 일어나지 않습니다.

목성 위성의 로슈 한계는 얼마일까요?

목성과 위성의 질량비를 바탕으로 로슈 한계를 계산하면 목성 위성의 로슈 한계는 16km 정도입니다. 목성의 고리는 약 12만 8,000km의 거리에 있으므로 목성의 경우에도 고리는 로슈 한계 내에 있는 셈입니다.

목성의 위성 중 아말테아라고 불리는 작은 위성은 목성 중심으로부터 17만 6,000km 거리에 있는데, 로슈 한계 바로 바깥쪽에 있는 셈입니다. 아말테아 위성은 깨지는 않고 있으나 찌그러진 감자와 같은 모양을 하고 있는데, 목성의 강한 조석력 때문인 것으로 생각하고 있습니다.

＿그렇다면 목성의 위성 이오는 로슈 한계로부터 어느 정도 떨어져 있나요?

이오는 목성의 중심으로부터 약 42만 km 거리에 있습니다. 이는 로슈 한계의 약 2.6배 거리로 다른 위성에 비해 굉장히 가깝게 위치해 있습니다.

이오는 목성의 조석력에 의하여 잡아당겨지기도 하고, 비틀어지기도 하면서 생긴 마찰열에 의하여 화산 활동을 계속하고 있습니다.

이오가 로슈 한계 내로 접근하면 이오 역시 산산조각이 나서 목성의 고리에 끌려가 고리의 성분이 되고 말았을 가능성이 큽니다.

__해왕성의 위성인 트리톤은 다른 큰 위성들과 달리 역행하고 있습니다. 트리톤의 운명은 어떻게 될까요?

해왕성의 위성 중 가장 큰 트리톤은 다른 위성과 달리 특이하게 모행성인 해왕성의 자전과 반대 방향으로 공전하고 있습니다.

여섯 번째 수업 105

모행성의 자전과 반대 방향으로 공전하는 위성은 자신의 회전 에너지를 모행성에게 점점 빼앗기게 됩니다. 이 때문에 트리톤은 점점 해왕성으로 다가가게 됩니다. 그렇게 되면 트리톤은 해왕성의 로슈 한계 이내로 진입하게 되면서 결국 조석력 때문에 파괴될 것입니다.

　아마 이런 일은 약 1억 년 후에 발생할 것으로 생각합니다. 이런 일이 발생하면 위성 트리톤이 파괴되어 해왕성에는 더욱 큰 고리가 생길 것으로 추정되고 있습니다.

　그렇다면 지구 주위를 돌고 있는 인공위성은 달에 대한 로슈 한계 내에 위치하고 있는 셈인데 조석력에 의해 파괴되지 않을까요?

　인공위성들이 조석력으로 파괴되는 일은 없습니다. 인공위성이 깨지지 않는 이유는 인공위성을 이루는 물질의 인장 응력이 매우 크기 때문이기도 하고, 인공위성처럼 작은 물체에 작용하는 조석력은 인공위성을 파괴할 만큼 크지도 않기 때문입니다.

　조석력은 크기가 작은 물체에서는 크게 나타나지 않습니다. 이를테면 바닷물에는 조석이 나타나지만 호수나 저수지의 물에는 거의 나타나지 않는 것과 같습니다.

조석력이 가장 큰 천체는 무엇일까요?

질량이 크고 크기가 작은 천체일수록 조석력은 강해집니다. 특히 천체가 작으면 표면에 닿기 전에 더 가까이 다가갈 수 있으므로 조석력은 더 크게 나타날 수 있습니다. 행성보다는 질량이 큰 별의 조석력이 더 크고, 일반 별보다 밀도가 높은 고밀도의 별이 더 조석력이 커집니다.

별의 일생의 마지막에 형성되는 백색 왜성이나 중성자별은 조석력이 매우 큽니다. 하지만 그 어떤 천체보다 조석력이 극단적으로 크게 나타나는 천체는 블랙홀입니다.

선생님, 토성의 고리는 어떻게 만들어진 것인가요?

그 이유를 알고 싶다면 먼저 로슈 한계를 알아야 합니다.

로슈 한계요? 선생님의 이름을 딴 것인가요?

맞아요. 보통 행성이 미치는 조석력은 다른 천체가 어느 한계 이상 다가오면 천체를 부숴 버리기도 합니다.

더 이상 다가오면 부숴 버릴 거야.

제가 이 한계를 처음으로 계산했습니다. 그래서 그 한계를 제 이름을 따서 로슈 한계라고 부르지요.

우아, 대단하시네요.

그럼 보통 로슈 한계는 얼마나 되나요.

만약 행성과 위성의 밀도가 같다면 로슈 한계는 행성 반지름의 약 2.5배 정도가 됩니다.

토성 고리 안쪽은 토성 반지름의 1.5배 정도이고, 바깥쪽 반지름은 토성 반지름의 2배가 넘습니다.

그럼 고리는 로슈 한계 안에 있는 거군요.

맞아요. 처음부터 로슈 한계 내에 있던 물질이 조석력 때문에 위성으로 뭉치지 못했거나, 위성이었던 것이 깨져서 생성된 것으로 생각하고 있습니다.

아, 그렇군요.

7

조석력이 혜성을 파괴한다

혜성과 목성이 여러 조각으로 깨지고 연쇄 충돌하였습니다.
슈메이커-레비 제9혜성과 목성의 충돌 사건에 대해 알아봅시다.

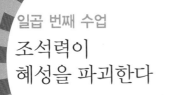

일곱 번째 수업

조석력이
혜성을 파괴한다

로슈가 조금 심각한 얼굴로
일곱 번째 수업을 시작했다.

로슈 한계는 어떤 천체가 다른 천체에 깨지지 않고 접근할
수 있는 거리입니다.

사실 내가 로슈 한계를 계산하기는 했지만, 실제로 천체가
로슈 한계 내로 들어와 깨지는 것을 보지는 못했습니다.

그것은 어디까지나 이론상 그렇다는 것이죠. 그런데 최근
에 천체가 조석력으로 깨지고, 또 깨진 파편들이 다른 천체
와 차례차례 충돌하는 일이 일어났습니다. 그것은 정말로 대
단한 사건이었어요.

__도대체 어떤 사건인가요?

그것은 혜성이 목성의 조석력 때문에 여러 조각으로 깨지고 그 파편들이 목성과 차례로 연쇄 충돌한 사건입니다. 이런 천체 간의 충돌 사건은 1000년에 1번 일어날까 말까 할 정도로 드문 일이지요. 목성과 혜성의 충돌은 1994년 7월 17일부터 22일까지 거의 일주일에 걸쳐 일어났습니다.

당시 이 충돌 사건은 '우주 쇼'라 불리며 큰 화젯거리가 되었고, 많은 사람들의 관심과 시선을 불러 모았습니다.

이 사건이 사람들의 관심을 불러일으켰던 또 다른 이유는 연쇄적으로 충돌을 일으켰기 때문입니다.

__목성과 충돌한 혜성은 어떤 혜성인가요?

'슈메이커-레비 제9혜성'이라 불리는 혜성입니다. 이 혜성은 목성과 충돌하기 6개월쯤 전에 새로 발견된 혜성입니다.

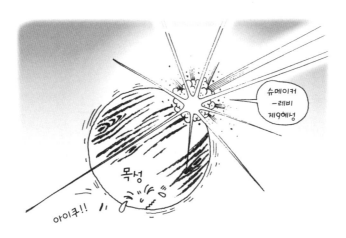

1993년 12월, 미국의 유진 슈메이커와 캐럴린 슈메이커, 데이비드 레비 세 사람이 발견하였습니다.

혜성은 최초로 발견한 사람의 이름을 따서 명명하는데, 위의 세 사람이 발견한 9번째 주기 혜성이라는 뜻으로 '슈메이커-레비 제9혜성'이라 불리게 된 것입니다.

왜 슈메이커-레비 제9혜성은 목성과 연쇄 충돌을 했을까요?

그것은 슈메이커-레비 제9혜성이 여러 조각으로 깨지면서 목성과 차례차례 충돌하였기 때문입니다. 이 혜성은 처음 발견되었을 때부터 보통 혜성과 다른 모습을 하고 있었는데, 하나가 아니라 무려 20개가 넘는 조각으로 나뉜 채 발견되었습니다.

과학자들은 왜 이 혜성이 여러 조각으로 깨졌는지를 조사했습니다. 관측 자료를 이용하여 혜성의 궤도를 추적한 결과, 목성의 인력에 붙들려 적어도 1970년 이후부터 목성 주위를 따라 움직여 왔다는 사실을 알게 되었습니다. 이 혜성은 태양을 향해 날아가다가 목성의 인력에 붙잡혀 목성 궤도를 돌다가 결국 목성과 정면충돌한 것입니다.

슈메이커-레비 제9혜성은 목성과 충돌하기 2년 전인 1992년 7월에 목성의 구름 위 약 5만 km 상공을 지나갔는데, 이 지점은 로슈 한계 안이었기 때문에 목성의 조석력에 의해 깨졌던 것이지요.

그런데 슈메이커-레비 제9혜성은 목성과 충돌하기 전에 이미 여러 조각으로 깨져 있었다는 겁니다. 혜성은 탄소나 규소 같은 먼지 덩어리가 휘발성 물질과 함께 얼어붙은 것으로, 소행성에 비해 상대적으로 응집력이 느슨한 편입니다. 이 때문에 혜성이 목성에 근접하게 되면 혜성 자체의 응집력보다 조석력이 커지게 되어 쉽게 깨지게 되는 것이죠.

이 혜성은 태양 둘레를 40억 년 동안이나 말없이 돌다가 수십 년 전 태양계에서 제일 큰 목성을 너무 가깝게 지나면서 이 행성의 중력에 끌려 붙들리게 되었고, 1992년 7월 7일에 목성의 중력이 일으키는 조석 작용으로 산산조각나고 말았던 것이죠.

슈메이커-레비 제9혜성의 파편들은 목성의 인력에 이끌려 목성과 연쇄적으로 충돌하였습니다.

슈메이커-레비 제9혜성은 발견 후 6개월 정도 지나 목성과 연쇄적으로 충돌하였습니다. 혜성과 목성의 충돌은 당시

전 세계의 이목을 집중시켰습니다. 한 가지 아쉬웠던 점은
혜성과 목성의 충돌 지역이 당시 지구에서는 볼 수 없는 뒤쪽
이어서 충돌 순간의 장면을 목격할 수 없었습니다. 하지만
충돌 후의 흔적은 확인할 수 있었습니다.

　사진은 혜성의 파편들이 목성에 충돌한 후 남긴 흔적입
니다.

　혜성은 충돌 후 목성의 대기에 커다란 검은 흔적을 만들고
시간이 감에 따라 넓게 퍼져 거의 지구만 한 크기로 확대되고

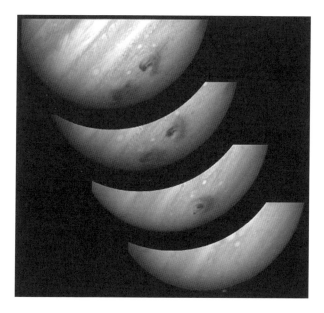

혜성 충돌의 흔적

있습니다.

혜성의 파편 조각은 기껏해야 지름이 불과 2km 정도였지만, 충돌의 흔적은 지구 규모로 엄청나게 영향을 미친다는 것을 말해 주고 있습니다.

목성과 같은 목성형 행성들은 주로 기체로 이루어져 있어서 혜성 파편은 목성 깊이 침투하지 못하고 녹아 버렸지만, 지구와 같은 암석 표면을 가지고 있는 행성에 충돌한다면 커다란 충돌 흔적이 남을 것입니다.

다행히 슈메이커-레비 제9혜성이 지구가 아닌 목성과 충돌을 했지만, 만약 지구와 충돌했다면 그 재앙은 지구 생명체의 멸종을 불러올 만큼 엄청났을 것입니다.

수년 전 〈딥 임팩트〉라는 영화가 전 세계적으로 인기를 끌었습니다. 〈딥 임팩트〉는 지구와 충돌 위험에 처해 있는 혜성과 인간의 사투를 그린 영화입니다.

주인공들은 원자 폭탄을 이용하여 이 혜성을 파괴하는 임무를 띠고 혜성에 착륙하지만, 처음에 실패하여 크고 작은 두 조각으로 분리하는 데 그칩니다.

그 후 주인공들의 목숨을 내던진 활약으로 큰 혜성 조각을 폭파하는 데 성공하고, 작은 조각만이 지구로 떨어집니다. 지구에는 그것만으로도 큰 재앙이었지만 인류 전멸이라는

최악의 화는 면하게 한 것이지요.

하지만 실제로 혜성이 지구에 접근한다면 지구 조석력에 의해 혜성이 여러 조각으로 깨져 차례차례 낙하할 가능성이 큽니다.

위성에 남아 있는 조석 파괴의 흔적

태양계 탐사가 진행되면서 탐사선들은 다른 행성의 위성들 표면에서 이상한 운석 충돌의 흔적을 발견했습니다. 그것은 운석이 떨어져서 생긴 다른 크레이터와 다른 특이한 모습이 었는데, 크레이터가 일렬로 죽 늘어서 있는 모습이었습니다.

목성의 위성 가니메데에 그런 충돌 흔적이 남아 있고, 목성의 또 다른 위성 칼리스토에도 일렬로 늘어선 충돌 흔적이 있으며, 달에도 이런 흔적이 발견됩니다.

이 같은 충돌 흔적은 충돌 전 이 천체가 위성의 조석력에 의해 여러 조각으로 깨졌음을 보여 주는 증거라 하겠습니다.

다만 이 위성들은 크기가 작기 때문에 조석력도 작아서 거의 표면 가까이 다가왔을 때 깨졌을 가능성이 큽니다. 이 때문에 깨진 천체들은 서로 가까이 붙어서 잇달아 낙하하였고, 또 위성은 자전하고 있었기 때문에 일렬로 늘어선 충돌의 흔적이 남은 것이 아닌가 생각합니다.

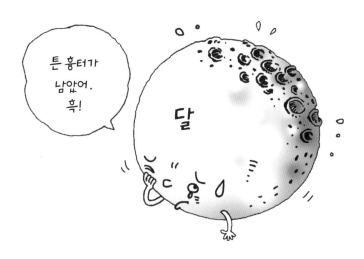

8

조석 에너지의 이용

간만의 차를 이용하여 발전을 하는 것을 조력 발전이라고 합니다.
조력 발전의 장점과 단점, 조력 발전의 현황에 대해 알아봅시다.

여덟 번째 수업

조석 에너지의 이용

로슈가 활기찬 모습으로
여덟 번째 수업을 시작했다.

조석은 엄청난 양의 바닷물이 주기적으로 움직이는 현상이
므로 막대한 에너지를 가지고 있습니다. 사람들은 조석력으
로 이동하는 바닷물을 동력원으로 이용하는 방법을 생각하
였습니다. 바로 조력 발전이나 조류 발전이 그런 예입니다.

조력 발전이란 무엇인가요?

조력 발전은 조수 간만의 수위차를 이용하여 발전을 하는

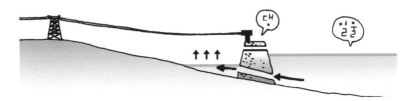

밀물일 때 댐 안으로 물이 들어온다.

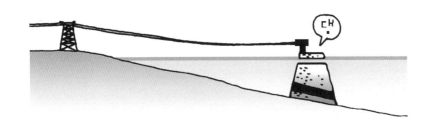

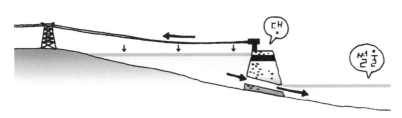

썰물일 때 댐 밖으로 물을 내보내며 발전한다.

조력 발전의 원리

것입니다. 조력 발전의 원리는 수력 발전의 원리와 비슷합니다. 조력 발전은 조석이 발생하는 하구나 만을 방조제로 막아 방조제 안팎의 수위 차를 이용하여 발전을 하는 것입니다.

예를 들어, 밀물 때 수문을 닫아 두었다가 수위가 높아지면 수문을 열어 물이 들어오면서 터빈을 돌려 발전하게 하고, 또 썰물 때는 썰물이 흘러가는 방향으로 터빈을 돌려 발전하는 것이지요.

다만 수력 발전의 경우에는 낙차가 수십 m 정도 되지만, 조력 발전은 낙차가 보통 10m 이하라는 점에서 다르다고 할 수 있습니다.

조력 발전의 장점은 무엇일까요?

조력 발전의 가장 큰 장점은 석유나 석탄과 같이 유한하여 고갈되는 자원이 아닌 무한한 조석 에너지를 동력원으로 사용한다는 것입니다. 이 때문에 조력 발전은 동력 에너지의 비용이 들지 않고, 에너지 자원이 고갈될 염려가 없습니다.

또, 조력 발전은 바닷물을 이용하므로 화력 발전이나 원자력 발전과 같이 연료로부터 발생하는 공해 물질의 배출이 없다는 것입니다.

조력 발전과 비슷한 원리를 이용하는 수력 발전의 경우 계절에 따라 강수량이 달라서 영향을 받지만, 조력 발전은 기후나 계절의 영향을 받지 않는다는 점도 장점입니다.

조력 발전은 초기 건설 비용에 비해 유지비가 저렴하다는 것도 장점이라 할 수 있습니다. 조력 발전은 초기 건설 비용이 많이 들지만 연 유지비는 투자비의 4% 정도로 아주 낮습니다.

조력 발전의 문제점은 무엇일까요?

가장 큰 문제는 조력 발전소를 건설할 수 있는 곳이 간만의 차가 큰 지역으로 제한되며 발전에 충분한 조차를 나타내는 곳이 별로 많지 않다는 것입니다.

조력 발전은 일반적인 수력 발전용 댐과 비교해 보면 유효 낙차가 작기 때문에 큰 발전소를 만들 수 없다는 단점도 있습니다.

또, 조위(조수의 흐름에 따라 변화하는 해면의 높이)의 변화도 사리와 조금에 따라 균일하지 않을뿐더러 조위가 일정한 시간대, 다시 말해 조수 간만의 차가 일정한 시간대에는 발전을 할 수 없다는 것도 문제입니다. 이 때문에 하루 몇 시간은 발전기가 정지한다거나 사리나 조금에 따라 발전 능력이 변동하는 문제가 있습니다.

조력 발전은 초기 시설비가 많이 들어서 경제성을 따질 때 기존의 화력 발전이나 원자력 발전에 비해 효율이 떨어지는 단점도 있습니다.

조력 발전소는 어떤 곳에 건설하는 것이 좋은가요?

조력 발전은 무엇보다 조수 간만의 차가 커야 하므로 조차가 크게 나타나는 중위도 지역이 좋은 후보지가 될 수 있습니다.

간만의 차가 큰 곳은 영국 해협이나 아이리시 해 연안을 꼽을 수 있고 한국의 서해안도 이에 해당합니다. 이 지역의 조차를 보면 영국의 리버풀은 8.1m, 벨기에의 안트베르펜은 4.9m, 프랑스의 랑스는 13.5m, 한국의 인천은 8.1m 등입니다.

조력 발전은 해양 에너지를 이용한 발전 방식 중에서 가장 먼저 개발되었지만 특수한 지역적 한계성 때문에 일부 국가

만이 이용하고 있습니다.

조력 발전소 건설에 가장 앞선 나라는 프랑스입니다. 프랑스 브르타뉴 지방에 있는 랑스 강은 하구의 조차가 약 13.5m로 매우 큽니다.

프랑스는 1967년 6월 랑스 강 하구에 대규모 조력 발전소를 완공하였습니다. 이곳에 용량 1만 kW 발전기 24대를 설치하여 240mW의 발전을 할 수 있습니다.

조력 발전을 이용하고 있는 또 다른 나라들은 러시아와 중국, 캐나다 등입니다.

러시아는 1968년에 800kW 용량의 키슬라야 발전소를 완공하였고, 중국은 1980년에 3mW 용량의 장샤(江夏) 발전소

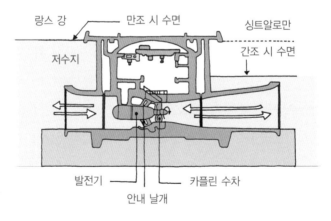

조력 발전의 원리(프랑스 랑스 강)

를 완공한 바 있습니다. 또, 캐나다는 1984년에 아나폴리스에 20mW 용량의 조력 발전소를 완공하여 가동 중에 있습니다.

서해안에서의 조력 발전 가능성은 어떤가요?

한국의 서해안도 유력한 조력 발전 후보지로 생각하고 있습니다. 서해안의 크고 작은 만들은 조차가 크고 해안선에 굴곡이 많아 조력 발전소를 설치하는 데 좋은 지형적 조건을 갖추고 있습니다.

가로림만이나 천수만, 인천, 아산만 등이 조수 간만의 차가 커서 조력 발전에 적합한 곳으로 손꼽히고 있습니다.

특히 가로림만의 경우 한국 해양 연구소가 1980년과 1982년에 프랑스와 공동으로 정밀 타당성 조사와 기본 설계를 하였고, 1986년에는 영국의 기술진이 조사를 재검토한 결과 시설 용량이 40만 kW로 평가되었습니다.

또한, 1999년 하남 국제 박람회에서 조력 발전 가능성에 대해 활발한 논의를 했지만 건설에 따른 막대한 비용과 경제성 때문에 아직은 연구 단계에 있습니다.

서울
한강
인천만
시흥만
남양만
가로림만
아산만
천수만

조력 발전소 건설에 따른 이점과 문제점은 무엇일까요?

바다의 만을 이용하여 댐과 같은 제방을 만들고 수로를 만들면 바닷물이 밀려 들어올 때나 밀려 나갈 때 발전기를 돌릴 수 있기 때문에 하루에 4차례의 발전이 가능합니다.

발전소가 건설된 후에는 따로 연료를 공급할 필요가 없으며, 폐기물이나 공해 물질이 배출될 염려가 없습니다.

또한, 발전소 안쪽은 하나의 양식 어장을 형성할 수 있습니다. 바닷물이 매일 신선하게 교체되며 풍부한 영양 염류가 공급되어 양식업을 활성화할 수도 있습니다.

하지만 바닷물에 의해 지하수나 우물물이 오염되거나 다른 지역 항구의 수위가 낮아지는 영향을 가져올 수 있고, 갯벌이 사라지면서 해안 지역에 서식하는 조류나 수중 생물이 서식처를 옮기거나 죽게 되며, 강력한 터빈에 의해 물고기들이 죽을 수도 있습니다.

한국은 임진왜란 당시 빠른 물살을 이용해 이순신 장군이 명량 대첩에서 승리를 거두었던 울돌목에 2005년 4월 조류 발전소를 착공하여 2009년 완공하였습니다.

울돌목 조류 발전소는 시험 가동을 거쳐 2009년 말부터 1시간당 1,000kW를 생산하는데, 이는 400여 가구가 1년간 사용할 수 있는 에너지입니다.

조류 발전은 조력 발전과 달리 아직 세계적으로 상용화된 사례가 없으므로 주목을 받고 있습니다.

선생님, 조력 발전의 원리는 수력 발전의 원리와 다른가요?

비슷해요. 다만 수력 발전은 낙차가 수십 m 정도 되지만, 조력 발전은 보통 10m 이하라는 점이 다르지요.

조력 발전은 조석이 발생하는 하구나 만을 방조제로 막아 방조제 안팎의 수위 차를 이용하여 발전을 하는 거예요.

그렇군요.

밀물 때 수문을 닫고 수위가 높아지면 수문을 열어 물이 들어오면서 터빈을 돌려 발전하고, 썰물 때는 물이 흘러가는 방향으로 터빈을 돌려 발전하는 것이죠.

밀물

썰물

조력 발전의 장점은 무엇인가요?

석유나 석탄과 같이 유한하여 고갈되는 자원이 아닌 무한한 조석 에너지를 동력원으로 사용한다는 거예요.

석유 석탄	바닷물
유 한	무 한

조석은 엄청난 양의 바닷물이 주기적으로 움직이는 것이잖아요.

그렇기 때문에 조력 발전은 동력 에너지의 비용이 들지 않고, 에너지 자원이 고갈될 염려가 없는 거예요.

정말 굉장하군요.

그렇지만 조력 발전소를 건설할 수 있는 곳은 간만의 차가 큰 지역으로 제한되기 때문에 발전에 충분한 조차를 나타내는 곳이 별로 많아요.

9

조석 예보

조석 예보란 조시와 조도를 미리 알려 주는 것입니다.
관측 자료를 이용한 방법과 조석의 조화 상수를 이용한 방법을 알아봅시다.

9

마지막 수업

조석 예보

로슈가 조금은 섭섭한 표정으로
마지막 수업을 시작했다.

조석은 어업이나 항해와 밀접하게 관련되어 있기 때문에 예로부터 태음력을 이용한 조석 예보가 이루어져 왔습니다.

조석 예보란 무엇일까요?

조석 예보란 해안 각지의 만조 시각과 간조 시각, 그리고 그때의 조위를 미리 알려 주는 것입니다.

자연 현상을 예보하는 일 가운데 조석 예보만큼 정확하게 잘 맞는 것이 없다고 할 수 있습니다. 그것은 조석이 몇 가지 주기로 나누어지기 때문입니다.

조석 예보를 하려면 먼저 조석에 의한 해수면의 변화를 관측하고 기록해야 하므로 해안에 검조소를 설치해야 합니다. 한국에도 서해안·남해안·동해안 여러 곳에 검조소가 설치되어 있습니다.

조석 관측은 어떻게 하나요?

조석을 관측하는 간단한 방법은 1~5cm 간격의 눈금 막대기를 수직으로 바다에 세워 놓고 눈으로 관측하는 것입니다.

조석 관측을 제대로 하려면 검조소를 건설하고 여기에 관측 기기를 설치하여 정확하게 그리고 지속적으로 관찰해야 합니다.

조석 현상은 매우 복잡하여 장소에 따라 다르며, 같은 장소라도 월령·적위·계절 등에 따라서 계속 특유의 변화를 합니다. 이 때문에 지속적으로 조석을 관측하는 것입니다.

조석 관측 자료는 평균 해수면 결정이나 조석 예보, 해황 변동 등을 파악하는 데 필요하고 또 항만 공사나 항해 등의 기초 자료로도 활용합니다.

조석 예보는 조석 관측 자료의 통계를 이용하는 방법과 조석의 조화 상수를 이용하는 방법이 있습니다.

해안 각 지역에서의 조석 관측 결과와 자료를 기초하여 약 1개월 이내의 변화(단주기 변화)와 1년 주기의 변화(장주기 변화)를 알아 장래의 조석을 예보하는 것입니다. 물론 이를 바탕으로 과거의 조석 상황을 추정할 수도 있습니다.

조석의 원인이 되거나 조석에 영향을 미치는 요소에는 달과 태양의 위치, 지구의 자전, 해안선의 모양과 위도 등이 있습니다.

위도나 해안선은 변하지 않는 것이지만, 달과 태양의 위치 및 지구의 자전 등은 규칙적으로 변하는 것입니다. 이를 이용하여 조석을 예보할 수 있습니다.

측정 자료의 통계를 이용하여 조석을 예보하는 방법

이 방법은 실제 관측한 자료를 바탕으로 조석을 예보하는 것입니다.

달이 그 지점의 자오선을 통과한 후 고조 또는 저조가 될 때까지의 시간은 거의 일정하므로 일정한 기간 동안 조석을 관측하여, 평균 고조 간격과 평균 저조 간격을 구합니다.

어떤 날의 고조나 저조 시각은 그날 달의 자오선 통과 시각에 평균 고조 간격 또는 평균 저조 간격을 더하여 구할 수 있습니다.

고조 시각 = 달의 자오선 통과 시각 + 평균 고조 간격
저조 시각 = 달의 자오선 통과 시각 + 평균 저조 간격

또는 다음과 같이 구할 수도 있습니다.

저조 시각 = 달의 자오선 통과 시각 + 평균 고조 간격 ± 6시간 12분

달의 자오선 통과 시각은 조석표나 수로국에서 간행하는 천측력에서 계산하든가 음력의 날로부터 1일 또는 15일을 감하고 초하루 또는 보름의 날로부터 경과 일수를 구합니다.

만일 어느 날의 고조 시각을 알고 그날로부터의 날수를 안다면 고조 시각을 대략 예측할 수 있습니다. 달의 자오선 통과 시각은 매일 약 50분씩 늦어지므로 경과 일수에 $\frac{5}{6}$시간을 곱하여 더하면 됩니다.

조고도 관측 당일의 조차에 의해서 예보하려는 날의 개략 치를 계산할 수 있습니다.

실제의 고조 간격과 저조 간격 및 조차는 날에 따라 다소 변화하므로 이 방법에 의해 구한 조시 및 조고는 근사치입니다.

조화 분해와 분조란 무엇인가요?

연속적으로 관측한 조석 관측 기록을 보면, 매일의 조시·조석 간의 시간 간격 및 조차가 변화하는 것을 알 수 있습니다. 이것은 조석을 일으키는 달과 태양의 운동이 복잡하기 때문입니다.

따라서 조석 현상을 생각할 때, 편의상 지구로부터 일정한 거리를 유지하며 각각 고유 속도를 가지고 적도 위를 운행하는, 수없이 많은 가상 천체에 의해 일어나는 규칙적인 조석이 합해져서 우리가 경험하는 조석이 일어나는 것으로 생각하면 이해가 쉽습니다.

이처럼 조석 현상을 여러 규칙적인 조석이 합쳐진 것으로 생각하여 각각의 조석으로 분해하는 것을 조화 분해라 하고, 분해된 일정한 주기와 일정한 조차를 가지는 조석을 분조(分

潮)라고 합니다.

장기간의 실측 자료를 분석하면 여러 개의 분조를 구할 수 있고, 이 분조를 합하면 원리적으로 그 지점의 조석 주기 곡선을 구할 수 있습니다. 그러나 실제 이러한 계산 과정은 매우 복잡하고 시간이 많이 걸리므로 컴퓨터를 이용하여 계산합니다.

조화 상수를 이용하여 조석을 예보하는 방법

조석을 예보하는 다른 방법은 조후 예보기라는 계산기를 사용하는 것입니다. 그런데 조후 예보기를 사용할 때는 정확한 자료가 필요합니다. 정확한 자료란 10개의 분조로 구성된 것인데, 이 수치들은 모두 천문학적 관계에 의한 것입니다. 최초의 조후 예보기는 1872년경 켈빈이 만들었습니다.

현재 사용하고 있는 조후 예보기도 켈빈이 만든 것과 비슷하지만 아주 빨리 계산할 수 있습니다. 즉, 어떤 지역 1년 이상의 조석을 예보하는 데는 하루도 채 걸리지 않습니다. 해마다 세계 각 지역의 조석 예보표가 발행되고 있습니다.

조석 예보는 어느 정도 정확한가요?

조석 예보와 해변에서 보는 실제의 조석에는 차이가 날 수 있습니다. 그것은 천체(주로 달과 태양) 조석 이외에도 기상 조석의 영향을 받기 때문입니다. 조석표는 기상 변화가 많은 때나 하루 2차례의 조차에 큰 차이가 있는 지역에서는 오차가 있습니다.

통계에 따르면 만조·간조가 일어나는 시간(조시)은 대체로 20~30분 이내에서 실제의 조석과 일치하며, 조고는 30cm 이내로 일치하지만, 때로 이상 기상 등이 발생하는 경우에는 현저한 차를 일으키는 때도 있습니다.

조석 예보는 왜 필요한가요?

조석 현상은 뉴턴 시대부터 근대 과학의 대상으로 취급되기 시작하여 현재 건설, 어업, 항해 및 군사적인 여러 측면에서 유용하게 이용되고 있습니다. 임의 지점의 조석을 미리 안다는 것은 여러 방면에서 매우 중요한 일입니다.

과거든 미래든 어떤 시각에서 고조나 저조의 시각이나 조고를 미리 정확하게 알 수 있다면 바다에서 활동하는 사람에게 대단히 편리할 것입니다.

간조와 만조 시각을 안다면 해안가를 여행할 때도 유용합니다. 특히 서해안의 경우 조수 간만의 차가 크므로 물때를 맞추어야 즐거운 여행을 할 수 있습니다. 예를 들어, 수영을 하러 왔는데 썰물 때가 되어 물이 멀리 나가 있으면 수영을 할 수 없습니다. 또, 조개를 잡으러 왔는데 물이 들어와 있으면 조개를 잡을 수 없습니다.

조석으로 역사가 달라지는 경우도 있습니다.

예를 들어, 로마의 카이사르는 영국을 공격하면서 조석을 잘 몰랐기 때문에 해안에서 많은 군함을 잃고 고전을 하였고, 또 알렉산더 제국을 건설했던 알렉산더 대왕도 인도의 인더스 강 하구에서 조석으로 큰 고난을 겪기도 했습니다.

하지만 한국의 이순신 장군은 정유 재란 때 조석을 이용하여, 명량 대첩을 승리로 이끌어 역사의 흐름을 바꿀 수 있었습니다. 이는 세계 해전사에 길이 남는 전투입니다.

육상 전투에서 패하고 물러나던 일본군은 300여 척의 대함대에 수만 명의 수군을 싣고 한강 하구를 통해 직접 한성으로 진출하기 위해 전라도를 우회하려 하였습니다.

당시 이순신 장군이 거느린 전선은 불과 12척으로, 이들과 맞서 싸우기에는 중과부적이었습니다. 울돌목은 전라도로 나가는 지름길이었으므로 이순신 장군은 울돌목 뒤쪽 우수영에 진을 치고 일본군이 진격해 오기를 기다렸습니다.

1597년 9월 16일 아침부터 일본군은 133척의 전선으로 우수영을 향해 진격해 왔습니다. 이순신 장군은 대장선을 이끌고 울돌목의 한가운데에서 일본 함대와 맞서 싸웠습니다.

일본 함대의 위용에 눌린 다른 전선들이 뒤로 물러서자 이순신 장군의 대장선 홀로 수십 척의 일본 전선에 겹겹이 포위된 채 각종 포와 화살을 난사하며 오랫동안 힘을 다하여 싸웠습니다. 이에 자극받은 다른 12척의 전선들도 함께 맞서 싸웠지만 수적으로 압도적인 우위에 있는 일본 함대와 힘겨운 싸움을 할 수밖에 없었습니다.

당시 이순신 장군은 울돌목에 쇠줄을 설치하여 일본 함선이 조류를 타고 빠르게 진격할 때는 울돌목의 양편에서 쇠줄을 당겨 진출하지 못하도록 하고, 조선 수군이 진격할 때는 풀어 주어 진격할 수 있도록 하였다고 합니다.

게다가 울돌목은 좁은 해협이었으므로 일본 함대는 일렬로 늘어서서 통과할 수밖에 없었으므로 비교적 적은 수의 함대와 맞서 싸우면 되었기에 압도적인 수적 열세에도 이순신 함대는 오랫동안 분전할 수 있었습니다.

마침내 만조가 되면서 조류의 흐름이 바뀌게 되자 일본 함대는 반대쪽으로 빠르게 흐르는 조류의 흐름에 주춤하게 되었고, 이순신의 함대는 그와 반대로 빠른 조류를 타고 일시에 진격하여 모든 전선이 집중 공격을 펼쳐서 삽시간에 일본 군선 수십 척을 격파하였습니다. 이에 크게 당황한 일본 전선들은 전의를 상실하고 혼비백산하여 도주하기에 바빴습니다. 마침내 명량 대첩은 대승으로 끝났습니다.

울돌목은 조류의 흐름이 빠를 뿐 아니라 만조 때 조류의 흐름이 한 시간 정도 멎었다가 다시 반대로 바뀌는데, 이순신 장군은 이 조류의 흐름을 적절히 이용하였던 것입니다. 절대적인 수적 열세를 울돌목의 지형적 특성과 조류의 흐름 변화를 이용한 뛰어난 전략으로 극복함으로써 역사적인 명량 대첩을 승리로 이끌었습니다.

우리가 조석을 안다는 것은 때로는 단순히 자연을 이해하는 정도에 그치는 일이 아니라 생활의 편의를 도모하고 때로는 역사까지도 바꿀 정도로 중요하다는 사실을 알 수 있습니다.

만화로 본문 읽기

라디오에서 조석 예보가 나오는데, 조석 예보가 무엇인가요?

해안 각지의 앞으로 다가올 날의 만조 시각과 간조 시각, 그리고 그때의 조위를 관측한 자료를 바탕으로 계산해 미리 알려 주는 거예요.

말하자면 바다의 일기 예보군요.

네. 그런데 자연 현상을 예보하는 것 중 조석 예보만큼 정확하고 잘 맞는 것이 없지요. 그것은 조석이 몇 가지 주기가 다른 조석으로 나누어지기 때문이에요.

조석 관측은 어떻게 하나요?

조석 현상은 매우 복잡해서 장소에 따라 다르며, 같은 장소라도 월령, 적위, 계절 등에 따라서 계속 특유의 변화를 해요. 그래서 지속적인 관측을 해야 하지요.

지속적으로 관측해야 해!

조석 관측 자료가 쓰이는 곳은 주로 어딘가요?

평균 해수면 결정이나 조석 예보, 해황 변동 등을 파악하는 데 필요하고, 또 항만 공사나 항해 등의 기초 자료로도 필요하지요.

조석의 원인이 되거나 조석에 영향을 미치는 요소에는 달과 태양의 위치, 지구의 자전, 해안선의 모양과 위도 등이 있지요.

그렇군요.

지구의 자전

위도

달과 태양의 위치

해안선의 모양

그런데 조석 예보는 왜 필요한가요?

조석 현상은 현재 건설, 어업, 항해 및 군사적인 여러 측면에서 유용하게 이용되고 있어요. 임의 지점의 조석을 미리 안다는 것은 매우 중요한 일이지요.

조류의 흐름이 바뀌었다. 진격하라!

조석 용어

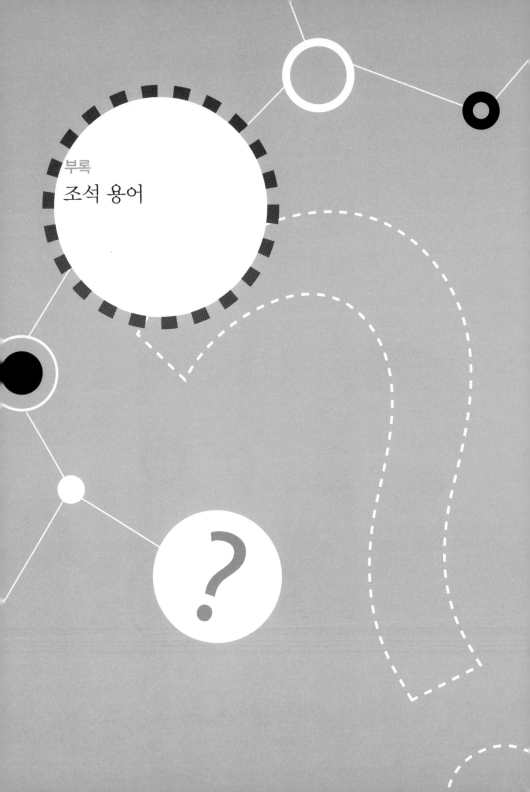

부록

조석 용어

조석 용어 해설

간조

바닷물이 빠져나가서 가장 낮은 물 높이까지 빠진 때를 말하는데, 썰물이 끝난 상태에 해당합니다. 저조(低潮)라고도 합니다.

감조 하천

조석으로 강물의 수위가 변하는 하천을 말합니다. 일반적으로 바다에 유입되는 하구 근처에서 크게 나타납니다.

기상조

기압, 바람, 해수 온도 등 기상 변화에 의해 조위의 변화가 일어나는 것을 말합니다. 1일 주기, 1년 주기 등 주기적으로 변하는 경우도 있고, 해일과 같이 일시적인 경우도 있습니다. 기상조(氣象潮)도 일종의 조석으로 취급됩니다.

기조력
조석을 일으키는 힘으로 달이나 태양에 의해 일어납니다.

대기 조석
조석력이 대기에 작용하여, 대기에 조석 현상이 일어나는 것을 말합니다.

만조
바닷물이 들어와서 물 높이가 가장 높아졌을 때를 말하는데, 밀물이 끝난 상태에 해당합니다. 고조(高潮)라고도 합니다.

망
음력 보름의 달, 즉 지구를 기준으로 하여 달과 태양이 정반대에 놓여 전체가 다 보이는 달을 말합니다.

밀물
간조에서 만조 사이에 해면이 올라가는 때를 말합니다.

사리

음력 매달 보름(음력 30일)과 그믐(음력 15일)에, 조차가 클 때를 말합니다. 대조(大潮)라고도 합니다.

삭

음력 초하루의 달, 즉 보이지 않는 달을 말합니다. 이 달을 신월이라고 하는데 '새로운 달'이라는 의미입니다.

생체 조석

기조력이 생체에 끼치는 효과를 말합니다.

썰물

만조에서 간조 사이에 해면이 내려가고 있을 때를 말합니다.

월령

달이 차고 기우는 정도를 말합니다. 음력 초하루부터 어느 때까지의 시간을 평균 태양일 수로 나타냅니다.

조간대

밀물 때 물에 잠기고, 썰물 때 모습을 드러내는 지역을 말합니다.

조금

사리의 반대 현상으로 조차가 가장 작은 때를 말합니다. 대개 음력으로 매달 8일과 23일경에 있습니다. 소조(小潮)라고도 합니다.

조류

조석에 수반되는 해수의 흐름을 말합니다. 조석에 따라 주기적으로 해면의 높이가 변하면 이에 수반하여 해수의 유동(流動)이 일어나게 되는데, 이 현상을 조류라고 합니다.

조석

바닷물이 하루에 2번씩 들어왔다 나갔다 하는 현상을 말합니다.

조석파

조석력의 작용으로 발생한 바닷물의 파동을 조석파라고 합니다.

조위

조석으로 나타나는 바닷물의 수위를 말합니다. 그리고 조위는 반드시 조석력에 의해서만 변하는 것은 아닙니다.

조차

만조와 간조시 해수면의 높이차를 말합니다.

지구 조석

조석력이 지각에 작용하여 지각에 조석 현상이 일어나는 것을 말합니다.

천문조

천체로부터 작용하는 기조력에 의해 조위의 변화가 일어나는 것을 말합니다. 특히 기상조와 구분할 때 사용합니다.

평균 수면

하루, 한 달, 혹은 1년 동안 변화하는 해수면의 높이를 평균한 것을 말합니다.

해양 조석

조석력이 해양에 작용하여, 해양에 조석 현상이 일어나는 것을 말합니다. 특히 지구 조석이나 대기 조석과 구분하여 말할 때 사용합니다.

달의 기원을 설명한 로슈

Éouard Albert Roche, 1820-1883

　프랑스의 천문학자인 로슈는 만일 달이 지구에 너무 가까이 다가오면 어떤 일이 벌어지는지를 연구하였습니다. 로슈는 달이 지구 반지름의 2.44배 거리 안으로 들어오게 되면, 지구의 조석력으로 달이 깨진다는 사실을 알아냈습니다. 이와 같은 로슈의 업적을 기려 어떤 천체가 다른 천체에 가까이 접근했을 때 깨지는 거리를 '로슈 한계(Roche limit)'라고 부릅니다.

　로슈의 연구로 우리는 토성에 아름다운 고리가 있는 까닭도 알게 되었습니다. 그것은 토성의 위성들이 로슈 한계 안으로 들어와 서로 충돌하여 미세하게 부서져서 떠돌면서 생겨난 것이었습니다.

또 1993년에 발견된 슈메이커－레비 제9혜성은 여러 조각으로 깨진 모습으로 관측되었습니다. 이를 통해 슈메이커－레비 제9혜성이 목성의 로슈 한계 내로 접근하여 깨어졌다는 사실이 확인되어 로슈의 학설이 옳다는 것을 다시 입증할 수 있었습니다.

슈메이커－레비 제9혜성은 20개 이상의 조각으로 깨진 후 이듬해 7월에 차례로 목성과 충돌하여 거대한 충돌 흔적을 남기고 사라졌습니다. 당시 이 사건은 전 세계 천문학계의 비상한 관심을 불러일으켰습니다.

로슈는 또 달의 기원을 설명하는 '동시 탄생설'을 주장하기도 하였습니다. 동시 탄생설은 '달은 지구가 탄생할 당시 주위에 있는 우주 먼지와 구름 등이 모여 하나의 큰 덩어리가 되어 지구와 독립적으로 함께 태어났다'는 주장인데, 현재 받아들여지지 않고 있습니다.

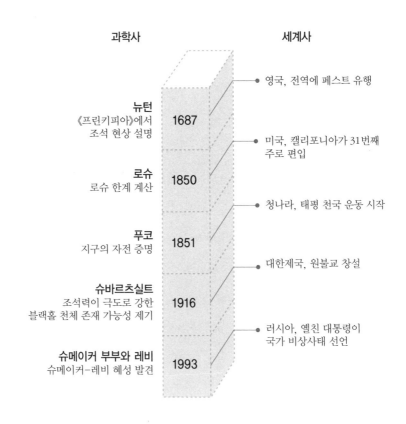

과학사		세계사
		● 영국, 전역에 페스트 유행
뉴턴 《프린키피아》에서 조석 현상 설명	1687	
		● 미국, 캘리포니아가 31번째 주로 편입
로슈 로슈 한계 계산	1850	
		● 청나라, 태평 천국 운동 시작
푸코 지구의 자전 증명	1851	
		● 대한제국, 원불교 창설
슈바르츠실트 조석력이 극도로 강한 블랙홀 천체 존재 가능성 제기	1916	
		● 러시아, 옐친 대통령이 국가 비상사태 선언
슈메이커 부부와 레비 슈메이커−레비 혜성 발견	1993	

1. 매일 해수면이 높아졌다 낮아졌다 하는 일을 주기적으로 되풀이하는 현상을 ☐☐ 이라 합니다.

2. 조석은 계절과 관계없이 보름을 주기로 교대로 크게 일어나는데 달이 보름이나 초하루 무렵이면 ☐☐ 가 되고, 반달일 때는 ☐☐ 이 됩니다.

3. 조석력은 바닷물이나 지각뿐 아니라 지구의 운동에도 영향을 미칩니다. 달의 조석력은 지구의 ☐☐ 을 느리게 하는데, 이것을 ☐☐ 마찰이라고 합니다.

4. 목성의 위성 이오는 목성으로부터 받는 강한 조석력 때문에 엄청난 ☐☐ 활동을 하고 있습니다.

5. 목성에 접근한 슈메이커-레비 제9혜성은 목성의 ☐☐☐ 으로 무려 20개 이상의 조각으로 나뉘어졌다가 차례로 목성과 충돌하였습니다.

6. ☐☐ 발전은 조수 간만의 수위 차이를 이용하여 발전하는 것입니다.

1. 조석 2. 사리, 조금 3. 자전, 조석력 4. 화산 5. 조석력 6. 조력

 대부분의 은하가 우리 은하로부터 멀어져 가고 있지만, 안드로메다은하는 초속 120km의 속도로 우리 은하를 향해 접근하고 있습니다. 약 20억 년 후 안드로메다와 우리 은하는 충돌할 것이며, 조석력이 양측 은하의 나선팔 모양을 거대한 조석 꼬리 형태로 바꾸어 놓을 것입니다.

 결국, 약 70억 년 후 우리 은하와 안드로메다은하는 완전히 합쳐져서 거대한 타원 은하가 될 것입니다. 합쳐지는 동안 중력이 늘어나며, 가스가 새로 생겨나는 타원 은하의 중심부로 끌려갈 것입니다. 그 때문에 항성 탄생의 빈도가 매우 높아지는 현상이 발생할 것입니다.

 여기에 은하 중심을 향해 떨어지는 가스는 새로 태어난 블랙홀을 활동 은하로 바꿀 것입니다. 이러한 상호 작용으로 발생하는 힘은 태양계를 새로운 은하의 바깥쪽 헤일로로 이

동시켜, 복사 에너지의 영향을 덜 받게 할 것입니다.

두 은하가 부딪치면 태양계 행성들의 궤도가 엉망이 된다는 것은 잘못된 생각입니다. 행성계 근처를 다른 항성이 지나갈 때 행성들을 성간 공간으로 날려 버릴 수 있지만, 우리 은하와 안드로메다은하가 충돌하더라도 별과 별 사이 거리는 매우 멀어서 그러한 충돌이 태양계에 영향을 미칠 확률은 무시해도 좋을 정도입니다.

그러나 시간이 흐르면서 항성이 태양계 근처를 지날 누적 확률은 증가하며, 그 때문에 행성의 궤도가 엉망이 될 가능성은 피할 수 없게 됩니다. 우주 종말이 일어나지 않는다고 가정하면, 어떤 항성이 죽은 태양 근처를 지나가면서 행성들을 이탈시키는 사건은 10^{15}년(1000조 년) 후 발생한다고 합니다. 이 사건이 발생할 경우, 그때가 태양계가 종말을 맞는 시점이 될 것입니다. 그러나 이와 같은 일이 벌어지기 전까지 태양과 행성들이 어떻게든 살아남는다면, 태양계는 계속 존속하는 셈이 됩니다.